国家自然科学基金(42165002)等 资助

新疆大风沙尘暴机理及区域模式预报

汤 浩 买买提艾力·买买提依明
施俊杰 安大维 等 编著

气象出版社
China Meteorological Press

内容简介

新疆是我国受气象灾害影响最严重的地区之一，其中大风、沙尘暴两类灾害独具特色，且与新疆的特殊地形和气候背景密切相关。本书介绍了作者及其团队在新疆大风、沙尘暴两类高影响天气方面的研究成果，旨在方便读者对新疆大风及沙尘暴的时空分布、季节变化特征、中尺度概念模型及触发机理、新疆区域模式的预报性能有较为系统的了解和认识。

本书可以为大风、沙尘暴及其他高影响天气研究及预报服务人员提供参考，也可供从事区域中尺度数值天气模式的优化及检验评估的技术人员借鉴。

图书在版编目（CIP）数据

新疆大风沙尘暴机理及区域模式预报 / 汤浩等编著. -- 北京 : 气象出版社, 2023.9
ISBN 978-7-5029-8043-6

Ⅰ. ①新… Ⅱ. ①汤… Ⅲ. ①沙尘暴－天气预报－新疆 Ⅳ. ①P425.5

中国国家版本馆CIP数据核字(2023)第180062号

Xinjiang Dafeng Shachenbao Jili ji Quyu Moshi Yubao

新疆大风沙尘暴机理及区域模式预报

汤　浩　买买提艾力·买买提依明　施俊杰　安大维　等　编著

出版发行：气象出版社
地　　址：北京市海淀区中关村南大街46号　　邮政编码：100081
电　　话：010-68407112(总编室)　010-68408042(发行部)
网　　址：http://www.qxcbs.com　　E-mail：qxcbs@cma.gov.cn
责任编辑：杨泽彬　　终　　审：张　斌
责任校对：张硕杰　　责任技编：赵相宁
封面设计：艺点设计
印　　刷：北京建宏印刷有限公司
开　　本：787 mm×1092 mm　1/16　　印　　张：7.25
字　　数：180千字
版　　次：2023年9月第1版　　印　　次：2023年9月第1次印刷
定　　价：120.00元

前　言

新疆地处欧亚大陆腹地、中国的西北地区，东西长约 2000 km，南北宽约 1600 km，面积约 166 万 km^2。拥有三山夹两盆的特殊地形，高山与盆地相间的独特地理环境，使得新疆境内多峡谷、河谷、隘道，受西风环流和独特地形影响，境内多大风区分布，是中国盛行大风的地区之一，新疆大风日数多、持续时间长、风力强，对工农业生产、交通运输和人民生命财产均造成极大危害，是新疆的主要灾害性天气之一。沙尘暴是中国北方地区的主要自然灾害之一，是沙漠及其边缘等特殊下垫面条件下产生的一种灾害天气。新疆是中国沙尘暴多发区之一，尤其以民丰—和田为中心的南疆盆地最为严重。强沙尘暴不仅对当地和下游地区社会经济发展和人民生活造成很大影响，而且还会造成当地及下游地区大气、土壤及水体环境的严重恶化，并影响大气的辐射平衡及气候。

本书聚焦新疆大风、沙尘暴的研究和预报，总结归纳了作者及其团队的相关成果。分大风、沙尘暴两个专题，分别分析讨论了时空分布、触发机理、区域中尺度模式预报技术。希望对该领域的技术人员有所帮助。

本书的出版得到了中国气象局乌鲁木齐沙漠气象研究所、新疆维吾尔自治区气象台的支持，相关的资助项目有：国家自然科学基金（天山峡谷下坡风暴中尺度特征及触发机理研究，42165002）、中央级公益性科研院所基本科研业务项目（基于高分辨率区域数值模式的新疆大风精细预报技术研究，IDM2013001）、新疆维吾尔自治区科技计划项目（新疆大风沙尘暴灾害性天气数值预报技术研究，201433112）、新疆维吾尔自治区气象局重点项目（新疆沙尘天气智能网格客观预报方法研究，ZD2020001）、新疆气象灾害综合风险普查项目、中国铁路乌鲁木齐局集团有限公司科技研究开发计划课题（乌鲁木齐局集团公司普速铁路风区划分界定方法的研究，2023-kj-48）。买买提艾力·买买提依明、施俊杰、安大维、吕新生、周雅蔓、贾丽红、闵月、李娜、芒苏尔·艾热提、潘新民等参与了编写工作，琚陈相、刘洪利参与了检验评估工作。

由于作者水平有限，错误和疏漏在所难免，敬请读者指正。

汤　浩

2023 年 6 月

目 录

第 1 章 新疆大风时空分布特征

风是指空气流动的现象，气象学特指空气在水平方向的流动。大风是一定的天气形势与特殊地形共同作用产生的天气过程。

新疆位于欧亚大陆腹地、中国的西北地区，地处 32°22′—49°33′N，73°21′—96°21′E，东西长约 2000 km，南北宽约 1600 km，面积约 166 万 km^2，拥有三山夹两盆的特殊地形，自北向南分别是：阿尔泰山、准噶尔盆地、天山、塔里木盆地、昆仑山。高山与盆地相间的独特地理环境，使得新疆多峡谷、河谷、隘道，受西风环流和上述独特地形影响，境内多大风区，是中国盛行大风的地区之一。新疆大风日数多、持续时间长、风力强，对工农业生产、交通运输和人民生命财产造成极大危害，是新疆的主要灾害天气之一。

本章重点分析讨论新疆大风的时空分布特征。

1.1 资料与方法

利用新疆 105 个气象观测站 1981—2010 年地面 10 m 风观测资料，统计并绘制新疆年、季平均风速及大风日数空间分布图，年平均盛行风向、风速图，代表站点风玫瑰图，并对其时空分布等相关特征进行分析。

上述统计要素中平均风速采用站点观测 2 min 平均风速进行统计，风速＜0.3 m/s 不计入统计序列。大风日数依据《地面气象观测规范》将一天中瞬时风速≥17.2 m/s 或目测估计风力≥8 级定义为一个大风日，在统计大风日数时，以 20 时（北京时间，下同）为日界，当某次大风过程跨越 20 时，按两个大风日数统计；以年均大风日数为分区指标，年均大风日数少于 10 d 为大风较少区，大于等于 10 d 而小于 50 d 为大风较多区，大于等于 50 d 而小于 100 d 为大风多发区，大于等于 100 d 为大风频发区。风向按照 16 分位进行统计，计算各分位的频率。

季节划分以 3—5 月为春季，6—8 月为夏季，9—11 月为秋季，12 月至次年 2 月为冬季；区域划分以天山为界，其以北为北疆地区、以南为南疆地区、东天山南北两侧为东疆地区。

1.2 年平均风速特征

新疆站点年平均风速显示（图 1.1），其空间分布特征总体表现为：北疆和东疆平均风速明显大于南疆；大风日数高山区多于中、低山区，盆地边缘多于盆地腹地；风速大值区多位于峡谷、河谷、山隙地区，高值区域呈孤岛状分布。其中最大值中心位于东疆哈密十三间房，平均风速达 8.6 m/s,次大值中心位于达坂城,平均风速为 6.0 m/s,博尔塔拉蒙古自治州(简称博州)阿拉山口 5.7 m/s 居第三位,塔城境内老风口紧随其后(5.5 m/s)居第四,克孜勒苏柯尔克孜自治州(简称克州)境内托云、乌恰,吐鄯托盆地托克逊,东疆淖毛湖、红柳河,阿勒泰地区阿克达拉均在 4.0 m/s 以上。

新疆风速大值区主要分布在以十三间为中心的东疆风口、阿拉山口为中心的北疆风口及塔城老风口、达坂城至吐鄯托盆地一线、南疆西部山区,以上大风区的分布与当地地形密切相关。全疆范围内大于 2.0 m/s 站点比例为 38%,南北疆盆地内风速较小,多数不足 2.0 m/s。

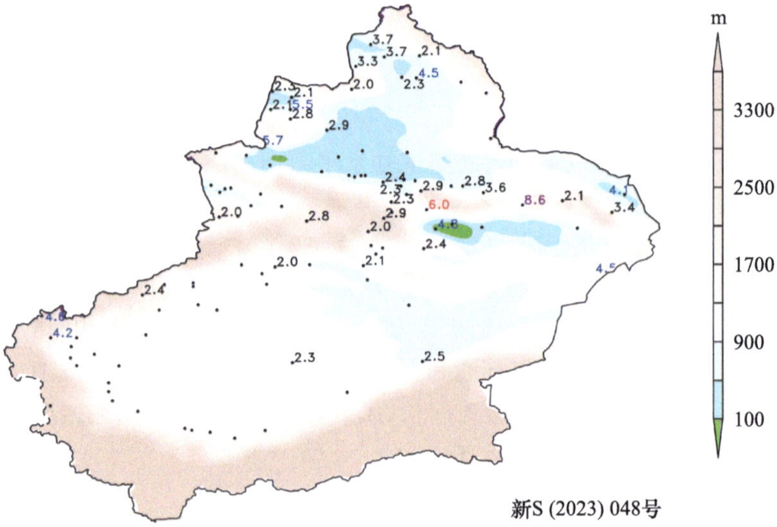

图 1.1 新疆年平均风速空间分布

(单位:m/s;色阶:海拔高度,单位:m)

1.3 季节平均风速特征

新疆属典型大陆性气候,四季分明,不同季节大风分布差异很大。

图 1.2 为各季节平均风速空间分布。

春季(图 1.2a),全疆总体风速最大,北疆地区、东疆地区较大,南疆地区较小。全疆共 5 个站点平均风速在 6.0 m/s 以上,依次为十三间房 10.2 m/s、阿拉山口 7.0 m/s、达坂城、托克逊 6.6 m/s、老风口 6.3 m/s,风速在 5.0 m/s 以上的站在克州山区、哈密东部等地。春季全疆平均风速 2.0 m/s 以上的站点比例为 68%。

夏季(图 1.2b),全疆总体风速比春季略有下降,除十三间房平均风速有所增大(11.0 m/s)外,其余风口地区均有所下降,阿拉山口略降至 6.7 m/s,老风口陡降至 3.1 m/s,达坂城、托克逊分别降至 5.6 m/s、5.8 m/s,克州山区平均风速下降约 0.1 m/s,南疆盆地多数站平均风速不足 2.0 m/s。夏季全疆平均风速 2.0 m/s 以上的站点比例为 56%。

秋季(图 1.2c),全疆总体风速较春季显著下降,十三间房降至 8.0 m/s,北阿拉山口降至 5.4 m/s,达坂城、托克逊分别降至 5.3 m/s、4.0 m/s,而老风口上升为 5.9 m/s,南、北疆多数站平均风速不足 2.0 m/s。秋季全疆平均风速 2.0 m/s 以上的站点比例为 32%。

冬季(图 1.2d),全疆总体风速最小,其中十三间房为 5.0 m/s、阿拉山口为 3.8 m/s,均为四个季节中最小。值得注意的是，老风口 6.8 m/s 为四季最大，达坂城 6.5 m/s 为四季次大。南疆西部山区维持在 2.0 m/s 以上，南、北疆盆地绝大多数站平均风速不足 2.0 m/s。冬季全疆平均风速 2.0 m/s 以上的站点比例为 20%。

(a)

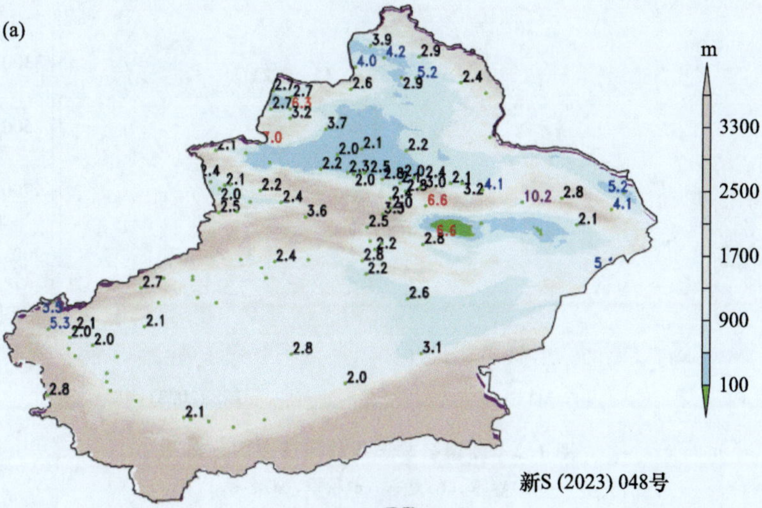

(b)

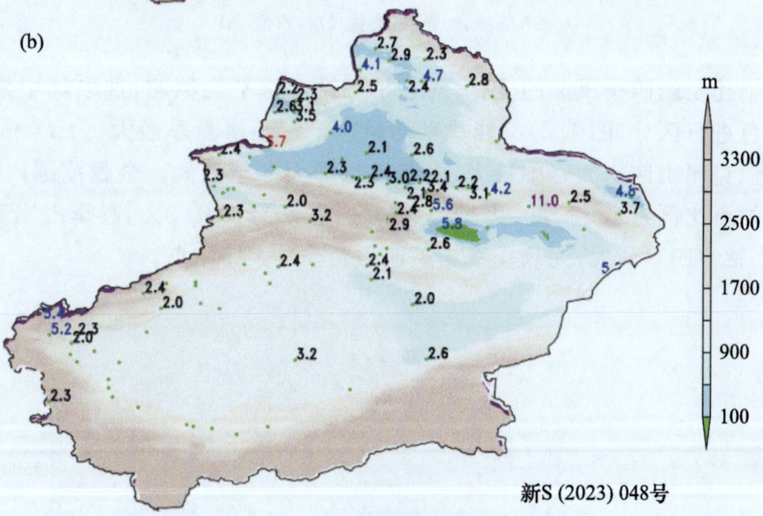

(c)

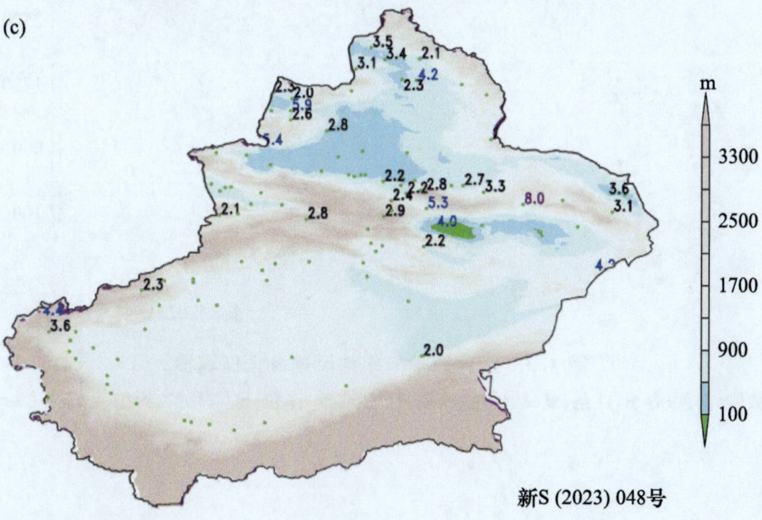

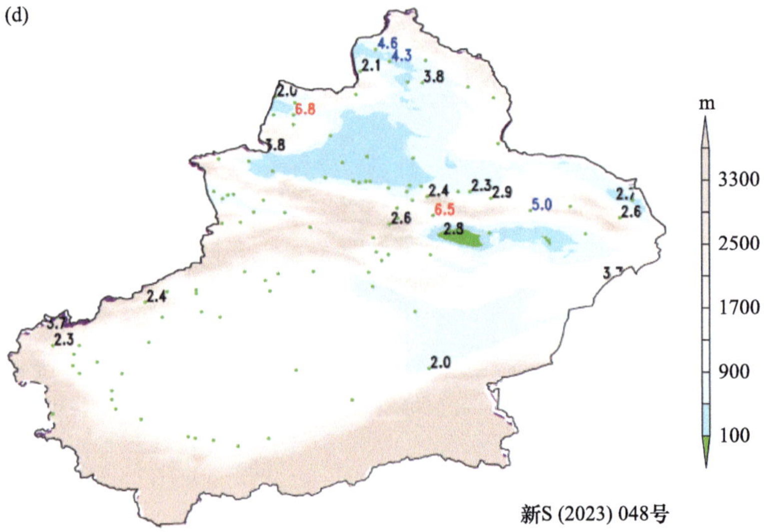

图 1.2 新疆各季节平均风速空间分布

(a)春季,(b)夏季,(c)秋季,(d)冬季

(单位:m/s;色阶:海拔高度,单位:m)

为进一步描述全疆四季风速的变化,对比了各站四季平均风速,选取其中最大值填图,并使用不同的颜色进行区分(图 1.3)。四季平均风速十三间房夏季最大,为 11 m/s;阿拉山口、达坂城、托克逊、克州山区均为春季最大,而老风口则为冬季最大。全疆范围内各站点春季平均风速最大的站点比例为 74%,夏、秋、冬比例分别为 23%、0%、3%,春季占比最高,其次为夏季,冬季仅 3 个站为四季最大,无秋季平均风速为四季最大的站点。

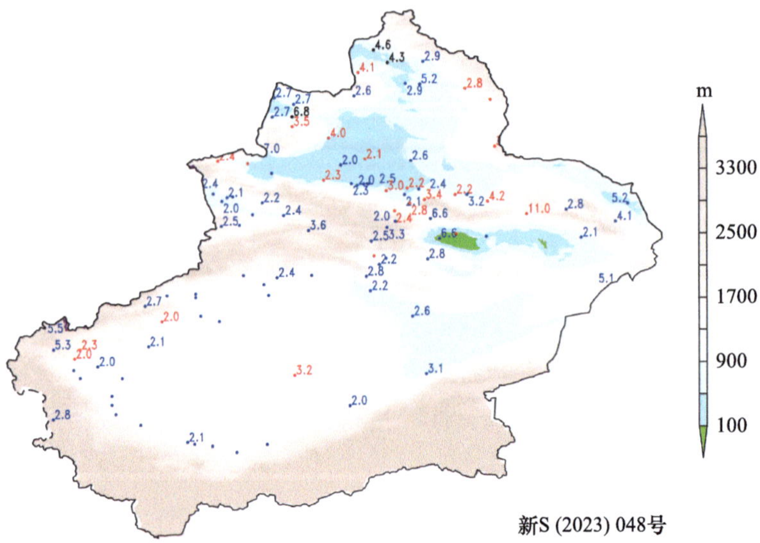

图 1.3 新疆四季节平均风速最大值填图

(数值:蓝色、春季,红色、夏季,绿色、秋季,黑色、冬季,单位:m/s;色阶:海拔高度,单位:m)

1.4　年平均大风日数特征

图1.4为全疆大风日数空间分布，大风日数空间分布总体表现为：北疆和东疆大风日数明显多于南疆，高山区多于中、低山区，盆地边缘多于腹地，大风日数高值区域呈孤岛状分布。新疆有4个年均大风日数100 d以上的频发区，主要分布在东疆哈密西部百里风区、北疆西北部和位于中天山的乌鲁木齐—达坂城谷地，其最大值中心位于东疆哈密地区十三间房一线，年均大风日数高达209 d，远高于其他站点和地区；次高值中心位于北疆西北部博州境内的阿拉山口，年均大风日数为147 d；达坂城紧随其后，年均大风日数为145 d；塔城地区老风口位居第四，年均大风日数为141 d。其他超过50 d的还有哈密淖毛湖(88 d)、托克逊(81 d)、阿克达拉(61 d)；南疆以克州山区托云最多，为58 d。南、北疆盆地最少，多数不足5 d。全疆范围内年平均大风日数超过10 d的站比例为22%，60%的站年平均大风日数不足5 d。

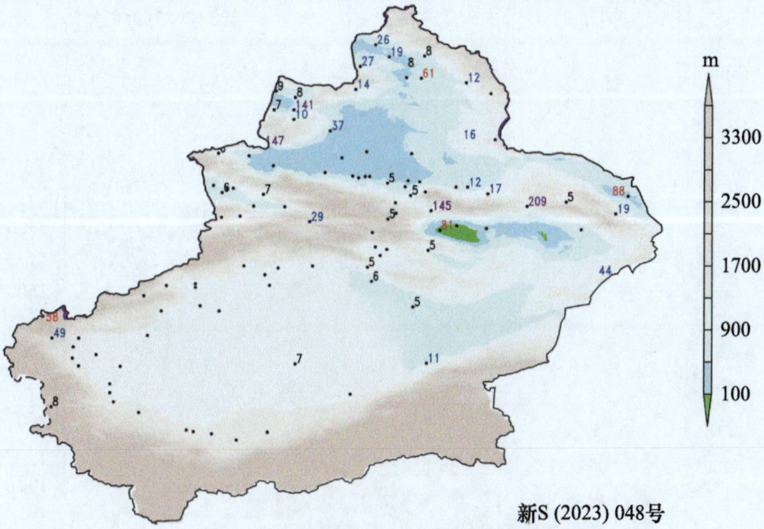

图1.4　新疆年平均大风日数分布

(单位：d；色阶：海拔高度，单位：m)

1.5　季节平均大风日数特征

新疆各季大风日数也存在较大差异(图1.5、图1.6)。

春季全疆大风日数最多，东疆、北疆多于南疆。其中最多的是十三间房，达到62 d；其次为阿拉山口，为48 d；老风口、达坂城、托克逊紧随其后分别为47、46、43 d；哈密淖毛湖达到38 d。北疆大风日数较大的还有阿克达拉(22 d)、克拉玛依(14 d)、南疆范围内克州山区最大为23 d。南、北疆盆地多数站点不到2 d，其中南疆盆地占2 d以下的站点比例更高。春季全疆范围内大风日数超过2 d的站点比例为43%。

夏季全疆大风日数总体有所下降，北疆、东疆多于南疆。最多的依然为十三间房，为73 d。夏季也是十三间房大风日数最高的季节，其次为阿拉山口53 d，达坂城35 d。北疆、东疆其他较大的还有老风口18 d，淖毛湖26 d，红柳河15 d。南疆最大地区为克州山区。夏季全疆范围内大风日数超过2 d的站点比例为29%。

(a)

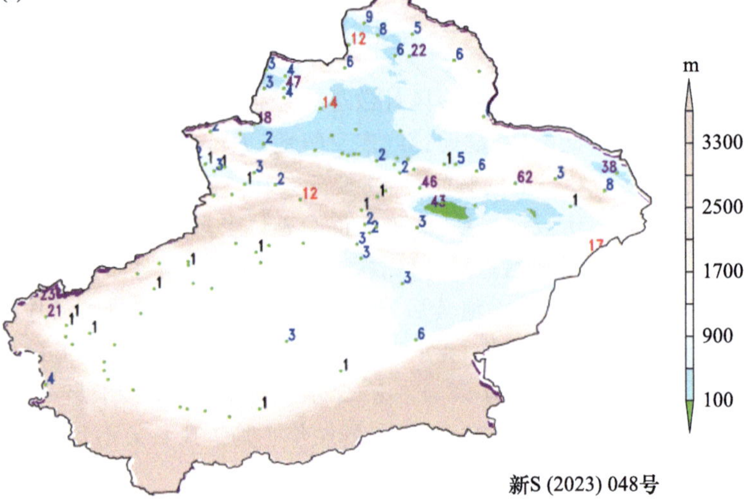
m
3300
2500
1700
900
100
新S (2023) 048号

(b)

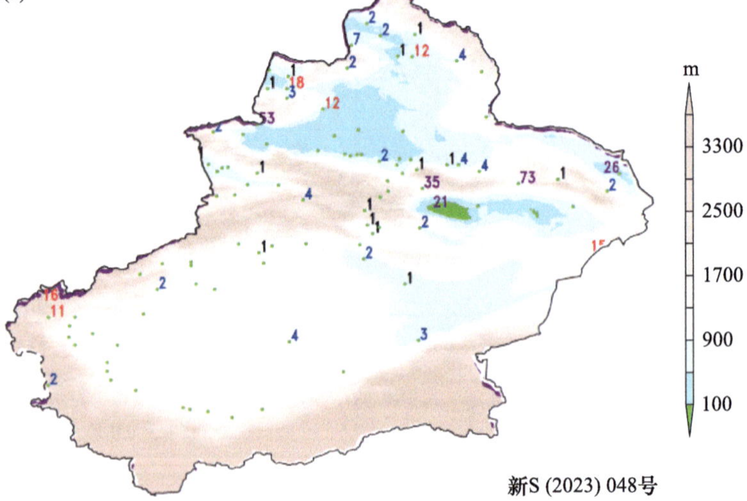
m
3300
2500
1700
900
100
新S (2023) 048号

(c)

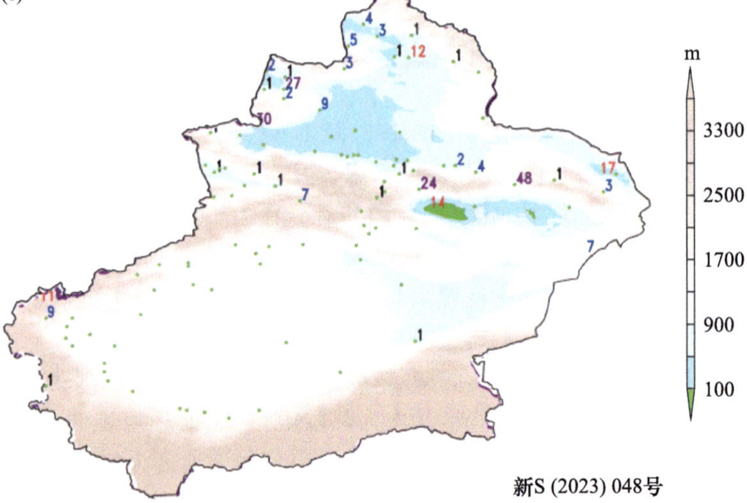
m
3300
2500
1700
900
100
新S (2023) 048号

(d)

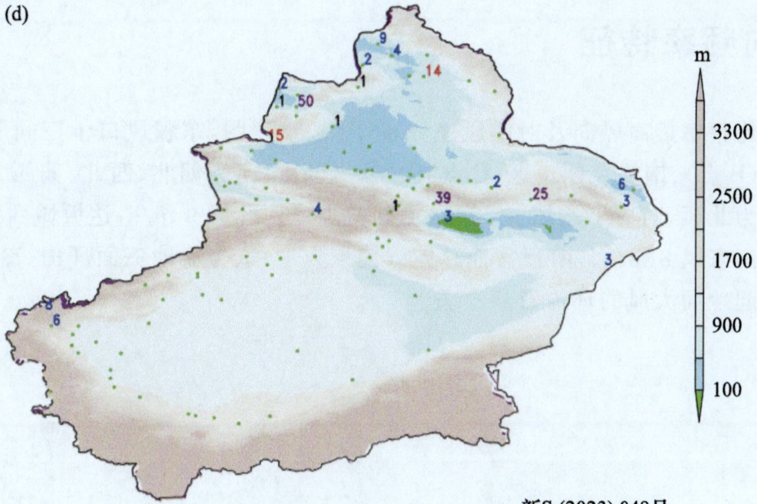

图 1.5　新疆各季平均大风日数空间分布

(a)春季,(b)夏季,(c)秋季,(d)冬季

(单位:d;色阶:海拔高度,单位:m)

秋季全疆大风日数显著下降,十三间房、阿拉山口、老风口、达坂城在 20 d 以上,阿克达拉、淖毛湖也超过 10 d,南疆除克州山区在 10 d 左右,其余绝大多数不超过 1 d。秋季全疆范围内大风日数超过 2 d 的站点比例为 20%。

冬季全疆大风日数总体最小,十三间房、老风口、达坂城在 20 d 以上,十间房 25 d,为四季中最低,但老风口 50 d 为四个季节最多。冬季全疆范围内大风日数超过 2 d 的站点比例为 17%。

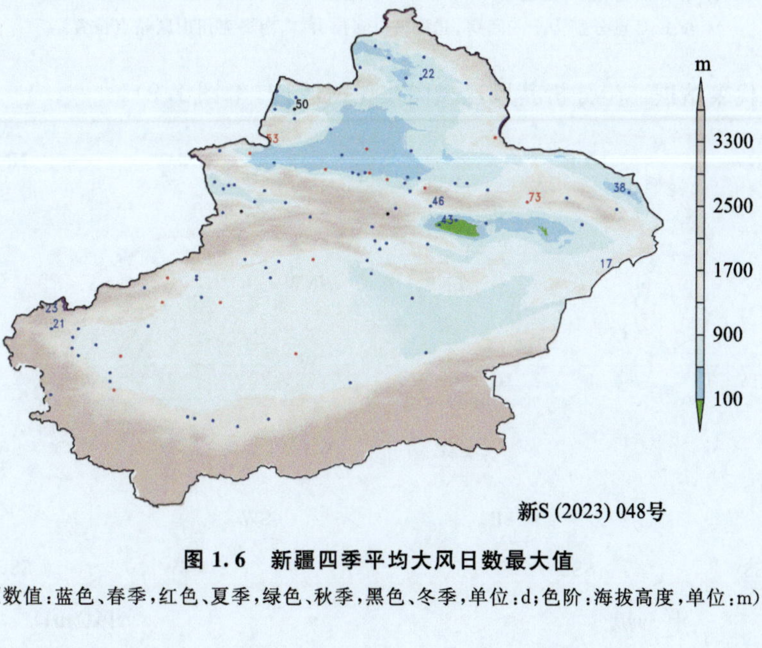

图 1.6　新疆四季平均大风日数最大值

(数值:蓝色、春季,红色、夏季,绿色、秋季,黑色、冬季,单位:d;色阶:海拔高度,单位:m)

1.6 风向频率特征

全疆年平均频率最高风向及对应风速分布(图 1.7)表明,东疆风口十三间房(A 点)、北疆风口阿拉山口(B 点)、南疆克州山区(C 点)大风区盛行风向为偏北、西北、偏西为主,其中十三间房盛行风向为北风,对应平均风速 11 m/s,阿拉山口西北风 9 m/s,达坂城西北西风 8 m/s,而老风口为东南东风 8 m/s。南疆盆地总体以偏东为主,这与盆地三面环山,冷空气从盆地东侧灌入盆地引起地面大风的环流背景有关。

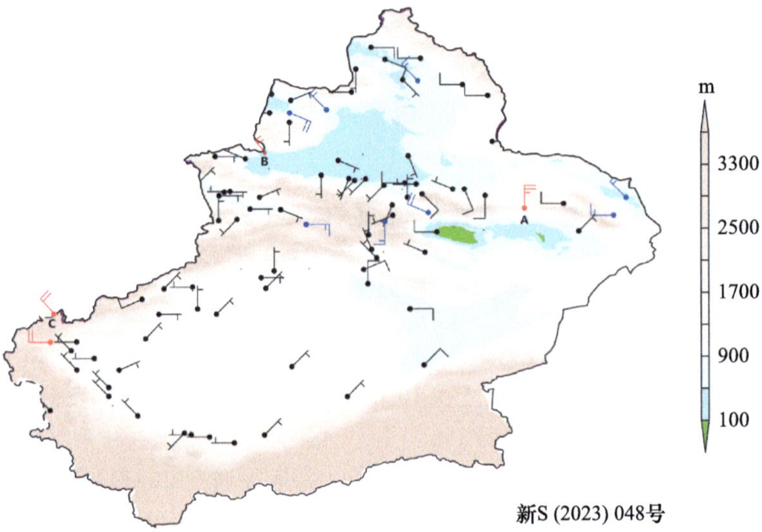

图 1.7 新疆年平均频率最高风向及对应风速分布图

(风羽:≥2,黑色、≥5,蓝色、≥8,红色、≥11,紫色,单位:m/s;色阶:海拔高度,单位:m
A、B、C 点分别为十三间房、北疆风口阿拉山口、南疆克州山区站点位置)

以下选取代表站进一步分析其风速风向玫瑰图(图 1.8、图 1.9)。

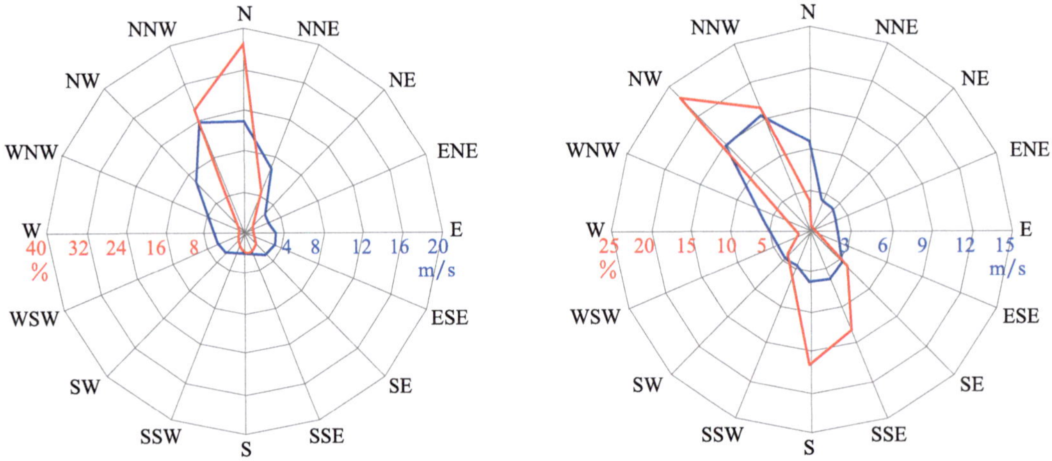

十三间房 阿拉山口

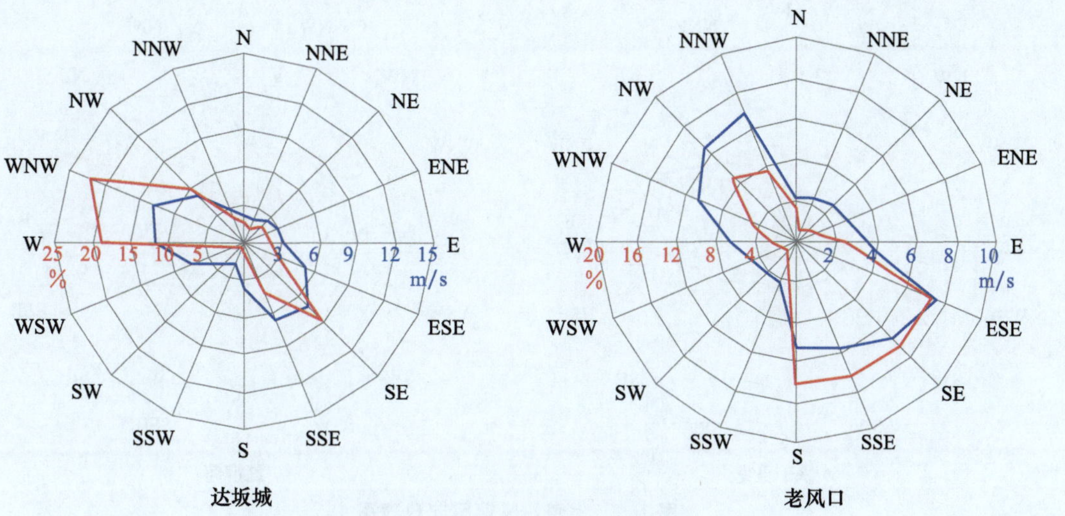

图 1.8 主要风口风速风向玫瑰图

（红色：各风向出现频率平均，蓝色：各风向极大风速年最大平均）

十三间房风向以北为主，其频率达到 37%；其次为北西北，频率为 26%；第三为北东北，占 8%，前三各级合计占比 71%，对应的风速也最大，其余各风向占比均不足 5%。这样的频率分布与十三间房位于东天山缺口南侧，冷空气从东天山北侧爬坡穿越峡谷形成十三间房大风有关。阿拉山口、达坂城、老风口风频率存在一定的相似之处，盛行风向大致相差 180°。这与他们所处位置位于两山间的峡谷地带有关，气流穿越峡谷时地形强迫气流流向转为与峡谷同向。托克逊盛行风向为西风，对应风速 4 m/s；西北风频率 12%，对应的风速近 12 m/s；这种分布与吐鲁番盆地热低压发展引发盆地内局地风的变化有关。托克逊多表现为西风。当有冷空气穿越中天山峡谷经达坂城进入吐鲁番盆地时引起托克逊西北大风，虽频率不高但风速很大。托云位于南疆西部山区，其大风主要是因为冷空气翻山引起，根据冷空气入侵的路径不同风向也不同，以西北和西西北为主。铁干里克、红柳河的大风由地面冷高压移至新疆以东经东边灌入南疆盆地引起，因此盛行风向为东或偏东。

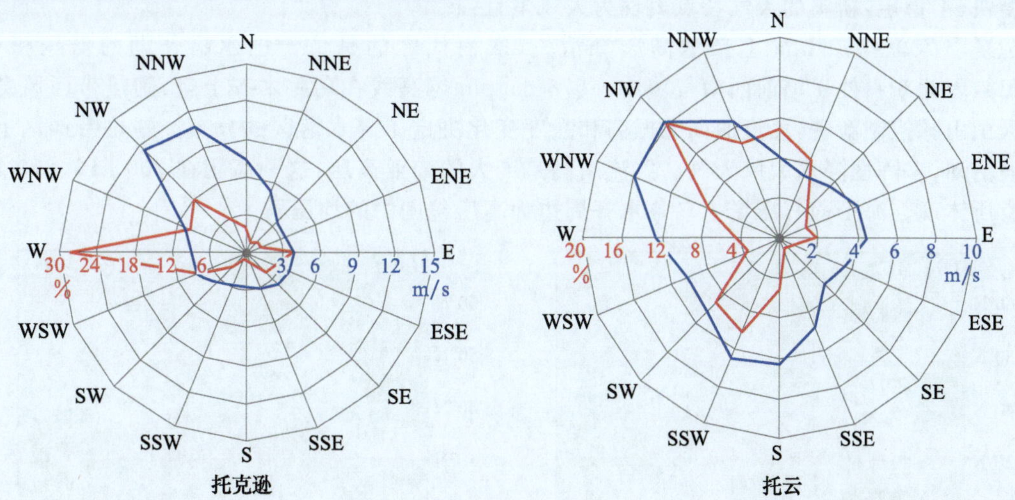

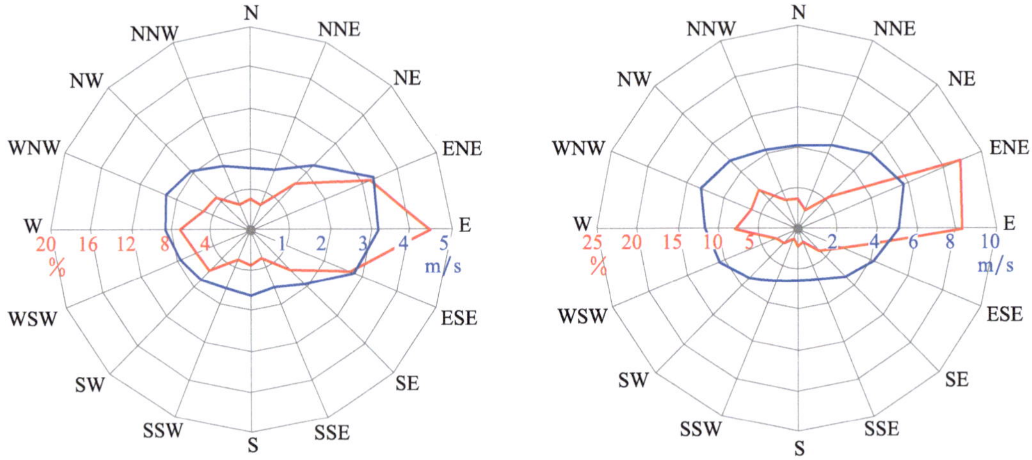

铁干里克　　　　红柳河

图 1.9　代表站风速风向玫瑰图

（红色：各风向出现频率平均，蓝色：各风向极大风速年最大平均）

1.7　新疆各季平均大气环流背景

1.6 节讨论了新疆大风的时空分布及季节变化特征，为进一步了解其气候归因，使用 ERA5 再分析资料 1991—2020 年产品，制作分析了新疆各季形势场平均，主要特征如下：

春季是冬夏的过渡季节，冬夏环流特征兼而有之（图 1.10）。冬季以极锋环流为主，夏季以副热带锋区环流为主，而春季两支锋区并举。500 hPa 新疆高压脊比较稳定，新地岛到北疆北部为稳定的强西北气流，地中海至新疆为西南气流，这两支气流汇合于新疆，冷空气活动主要靠西北气流，暖空气活动主要靠西南气流，它们活动的强弱和配置不同，造成的春季天气不同，是春季环流的主要特征之一。850～700 hPa 新疆都是弱高压脊控制，850 hPa 上南疆至青藏高原上空有一个闭合高压；海平面气压场上位于新疆北部的萨彦岭地区存在一个高压中心，乌鲁木齐在高压南部。春季环流变化具有突变性质，在天气系统的生成、发展、移动上表现为速度快、不稳定，新疆的天气特点表现为大风多且强。

夏季 700～500 hPa 上新疆高压脊消失，取而代之的是位于巴尔喀什湖的低压槽（图 1.11），因此新疆处于槽前西南气流中。576 dagpm 等高线在乌鲁木齐上空，副热带西风急流沿天山山脉控制新疆，急流的南北振荡和强度变化决定了降水落区的分布。副热带锋区上多短波活动，多阵性降水大风天气。急流南侧是庞大的南亚高压，这一高压在 700 hPa、850 hPa 都有所体现。海平面气压场上乌鲁木齐周边为高压包围中的均压场。

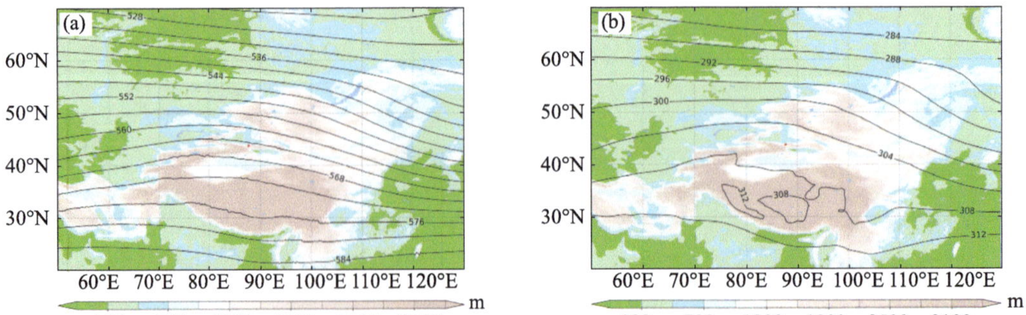

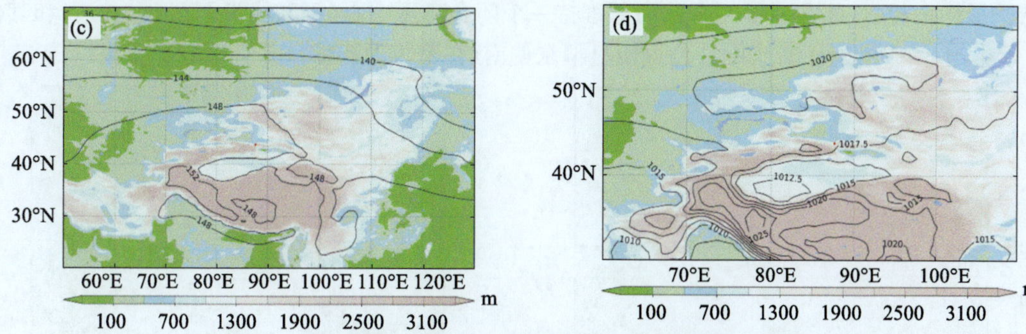

图 1.10　1991—2020 年春季平均环流形势

(a)500 hPa 高度场(等值线,单位:dagpm),(b)700 hPa 高度场(等值线,单位:dagpm),
(c)850 hPa 高度场(等值线,单位:dagpm),(d)海平面气压场(等值线,单位:hPa)

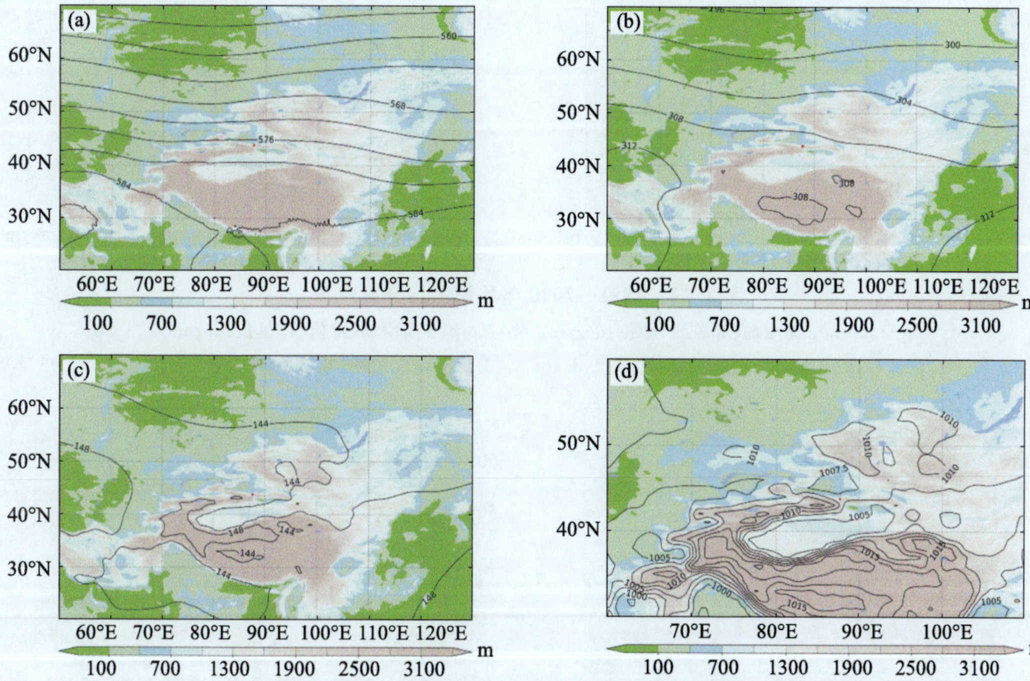

图 1.11　1991—2020 年夏季平均环流形势

(a)500 hPa 高度场(等值线,单位:dagpm),(b)700 hPa 高度场(等值线,单位:dagpm),
(c)850 hPa 高度场(等值线,单位:dagpm),(d)海平面气压场(等值线,单位:hPa)

秋季环流具有稳定和连续特征(图 1.12),无论副热带急流的南撤或是槽、脊分布都是渐变的,秋季天气不如春季变化那么剧烈。极锋锋区逐步南压,副热带急流逐步南撤。850～700 hPa 新疆转为弱高压脊控制;海平面气压场上,北疆为高压中心。西欧高压脊和新疆高压脊形成且异常稳定,导致新疆天气表现为“秋高气爽”。

冬季副热带西风急流南撤至青藏高原以南(图 1.13),欧亚范围 500 hPa 高度场中高纬地区表现为两槽两脊,新疆脊在入冬后维持在 70°～90°E 比较稳定,在 700 hPa 也有表现,因此形成新疆冬季天气过程少、天气稳定的特征。极锋急流位置偏北(50°N 以北),地中海地区低压槽较强且稳定。但有时大西洋沿岸高压脊强烈发展东移会引导新地岛冷空气南下入侵新疆,并与地中海至新疆的西南气流汇合造成新疆强降雪和降温天气。中低层(850 hPa)上,冬季和秋季形势很相似，都在南疆—青藏高原维持一个闭合高压中心（等高线为 156 dagpm）。和其他 3 个季相比，冬季的地面高压中心位置明显偏东偏南（在蒙古国西部），并且中心达 1040 hPa。

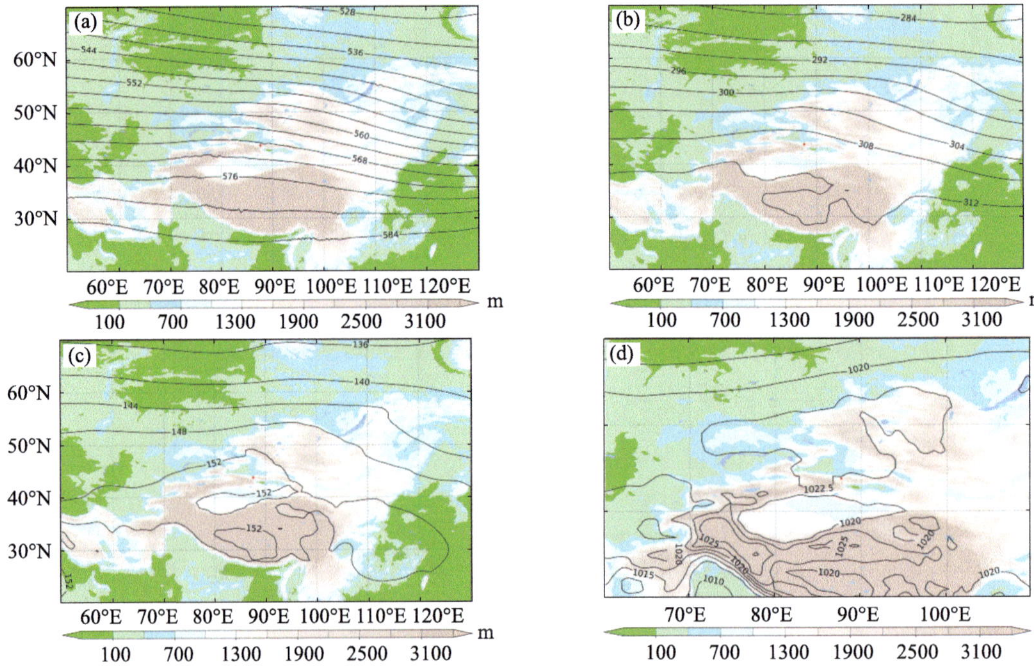

图 1.12　1991—2020 年秋季平均环流形势

(a)500 hPa 高度场（等值线，单位：dagpm），(b)700 hPa 高度场（等值线，单位：dagpm），(c)850 hPa 高度场（等值线，单位：dagpm），(d)海平面气压场（等值线，单位：hPa）

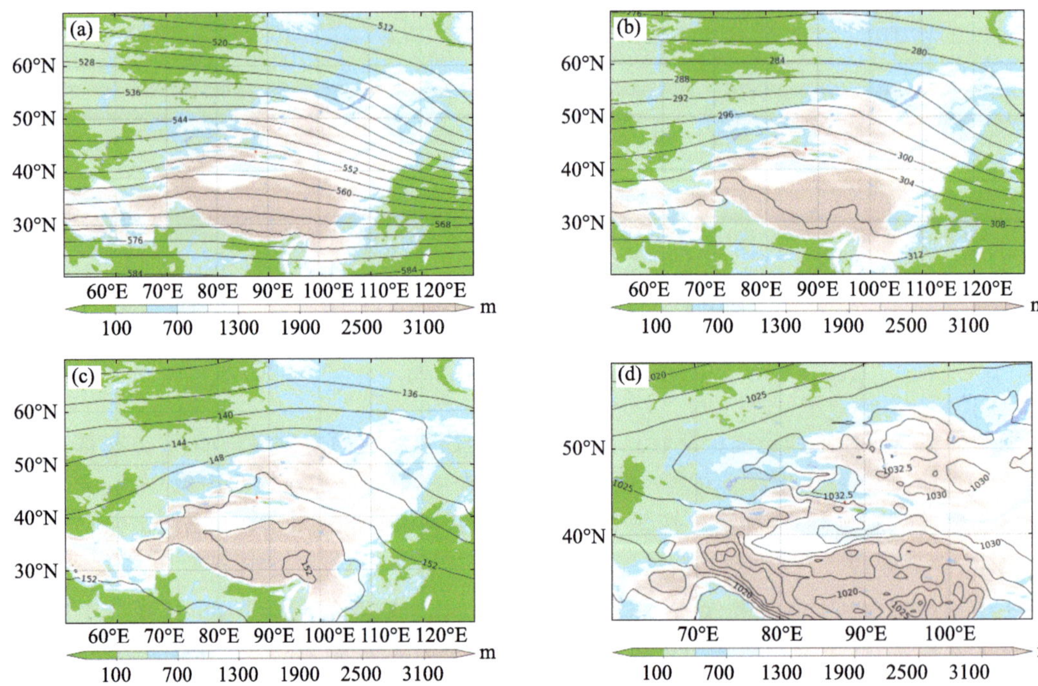

图 1.13　1991—2020 年冬季平均环流形势

(a)500 hPa 高度场（等值线，单位：dagpm），(b)700 hPa 高度场（等值线，单位：dagpm），(c)850 hPa 高度场（等值线，单位：dagpm），(d)海平面气压场（等值线，单位：hPa）

1.8 本章小结

新疆大风的时、空分布总体表现为：风速北疆和东疆明显大于南疆，大风日数高山区多于中、低山区，盆地边缘多于盆地腹地，大值区多位于峡谷、河谷、山隙地区，高值区域呈孤岛状分布，依次为十三间房、阿拉山口、达坂城、老风口，南疆西部山区也存在大值区。季节变化表现为：春季最强，夏季次之，秋冬最弱。盛行风向除南疆盆地偏东风居多外，北疆、东疆以偏西、西北、偏北风为主。上述特征与新疆大尺度环流形势及其季节变化密切相关。

第2章

新疆典型大风触发机理

新疆位于亚欧大陆腹地，是温带干燥型大陆气候区。一方面，西风带槽脊系统带来的冷空气东移南下过程中经常进入新疆，另一方面新疆又具有“三山夹两盆”的特殊地形，天气尺度的冷高压和盆地内形成的热低压造成的气压梯度力，使得新疆具有高频次大风天气的气候特征。这种气候特征又因新疆大地形的地理分布差异形成了几个主要大风区，如哈密的“百里风区”和吐鲁番的“三十里风区”等。以往的大量研究工作指出天气尺度系统和大地形交互作用形成新疆强风区的基本概念(张家宝 等，1986；何毅 等，2015)。这些强风区的形成与新疆高山、盆地相间地形背景下多峡谷、河谷、隘道等局地地形密切相关，多具备下坡风的特征。揭示强风区内局地地形与中尺度环流相互作用触发极端大风的机理，可进一步提高对强下坡风的认识和预报能力，具有重要的理论和应用价值。

关于下坡风的动力学机理，国际上较早就开展了研究，认为有3种机制形成下坡风：其一是基于热力学理论提出的背风谷地面冷空气撤退形成了下坡风，为Scorer和Klieforth(1959)的动力学方程所证实；其二是由于低层逆温层的阻塞和有关大振幅背风波造成的理论，这一理论在洛基山的观测研究中得到证实(Klemp et al.，1975)；其三是Kuttner(1958)、Houghton和Kasahara(1968)提出的水跃理论，即动力学弗劳德参数(Fr)达到临界状态时，重力使临界气流变为超临界流或者“急流性气流”。在理论研究的基础上，Doyle和Durran(2002)模拟了强下坡风的结构及特征，并于次年利用观测结果表述了强下坡风的结构与大振幅重力波的关系(Doyle et al.，2003)，Jiang和Doyle(2004)对下坡风过程中重力波破碎进行了模拟研究，Lehner等(2016)进行了下坡风的外场观测试验和分析。基于观测事实，Sharp和Mass(2004)、Belusic等(2013)研究了沿河谷或山谷的峡谷流。

中国，叶笃正(1956)研究了小尺度地形对过山气流的影响；桑建国(1989)求解了大气波动方程，给出了下坡运动的分析解；肖庆农和伍荣生(1995)研究了地形的屏障以及大振幅背风与下坡风的形成；臧增亮和张铭(2004)给出了背风波的理论波长及扰动的分析解。目前，强下坡风形成的原因可归为以下3种：垂直传播的过山波理论、水跃理论、背风波理论，这3种理论不是相互独立的，水跃可能是形成有限振幅背风波的原因，过山波与背风波受临界层的影响也相互联系在一起(李艺苑 等，2009)。

2.1 天山峡谷两端大风概述

横贯新疆的天山山脉呈东西向分布，在天山山脉的中部存在西北—东南走向的峡谷，呈现出贯通南、北疆的气流通道，客观上起到了塔里木盆地与准噶尔盆地连通器的作用(赵建华，2004；何毅 等，2015)。乌鲁木齐(463站号)位于峡谷的西北开口下坡处，吐鲁番盆地位于东南开口处(图2.1)。

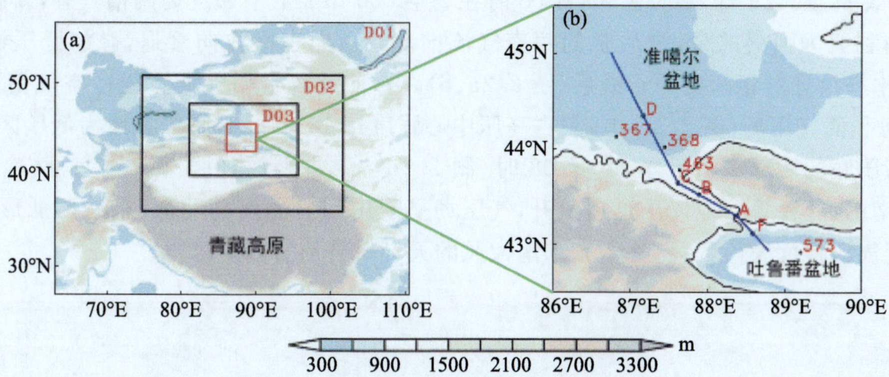

图2.1 研究区域地形及模式模拟区域

(a)模式三重嵌套区域网格距分别是27 km(D01)、9 km(D02)和3 km(D03)，地形高度色阶；(b)图a中红色矩形区域内地形高度，其中367、368、463、573为气象测站国际通用站号，分别代表呼图壁、昌吉、乌鲁木齐、吐鲁番。F点(海拔744 m)位于气流进入峡谷迎风坡处，A点(海拔1237 m)位于峡谷最窄处达坂城附近，B点(海拔1093 m)位于峡谷中部柴窝铺附近，C点(海拔1097 m)位于峡谷北端，D点(海拔436 m)位于准噶尔盆地。蓝色折线为图2.5中气流从吐鲁番盆地穿越峡谷进入准噶尔盆地的垂直横截面位置

当峡谷两端南、北疆没有明显的气压梯度时，峡谷内有山谷风活动(吕新生 等，2016)；当气压场为北疆高、南疆低时，气流可穿越峡谷，受峡谷内地形强制作用转为西北—东南向运动，形成达坂城到吐鲁番盆地的西北大风(汤浩 等，2011；黄海波 等 2013)，反之则会形成达坂城到乌鲁木齐城区(南郊)的东南大风。乌鲁木齐城区东南大风局地性强、起风突然、风力强劲，常给人民生活生产、交通运输带来严重影响。

2.2 乌鲁木齐东南大风机理

东南大风易在冷、暖空气交汇频繁的春季和秋季出现。形成北疆低、南疆高气压场的天气形势包括回流型、锋前减压型、锋前减压+回流型、南冷北暖型，其中锋前减压+回流型出现最多，约占40%，且出现的东南大风风力最强(张家宝 等，1986)。狭管效应对气流存在加速作用，低空存在风速大值区及动量下传(张利平 等，2012；孙鸣婧 等，2017)，东南大风同时具有显著的焚风特征(Li et al.，2012；2015)。中尺度WRF模式对东南大风具有较好的模拟能力，基于模式输出产品能够展示狭管效应和动量下传的存在(杨洪儒 等，2014)。

选取乌鲁木齐城区近10 a最强的一次东南大风天气过程进行中尺度数值模拟，基于模式输出的高时、空分辨率产品，针对超低空急流的形成、重力波的激发与传播、有利于下坡风暴形成的大气环境条件开展研究，并选取两场东南大风进行了验证。

2.2.1 天气过程概述

2012年3月30日03:00—20:00乌鲁木齐城区及南郊出现东南大风，城区最大风速达

30.3 m/s(11 级)。大风导致乌鲁木齐城区多处停水停电，航班备降其他机场、延误或取消，城区众多广告牌、外墙保温层被吹落，造成车辆受损和人员伤亡。

造成这次东南大风的天气形势为锋前减压+回流型(图 2.2)，影响系统高空为高压脊，地面为蒙古冷高压。29 日 20 时至 30 日 08 时在高空 500 hPa 上中纬度为两槽一脊，新疆及其以北的西伯利亚为强盛的脊，脊后强的西南气流推动脊顶向东南方向衰退，脊前低压槽转向南下，乌鲁木齐由脊前逐渐变为脊线后(图 2.2a、b)。脊前北风带引导北方强冷空气南下，29 日 20 时的海平面气压场(图 2.2c)上，蒙古高压中心强度达 1042 hPa，南疆盆地为低压区，乌鲁木齐位于高压底的后部。随后至 30 日 08 时(图 2.2d)，蒙古高压加强并分裂南下，冷空气“东灌”进入南疆，吐鲁番盆地气压迅速上升，气压场呈现出明显的南高北低、东高西低形势，乌鲁木齐处于气压梯度大值区，乌鲁木齐东南大风的天气尺度形势稳定建立。

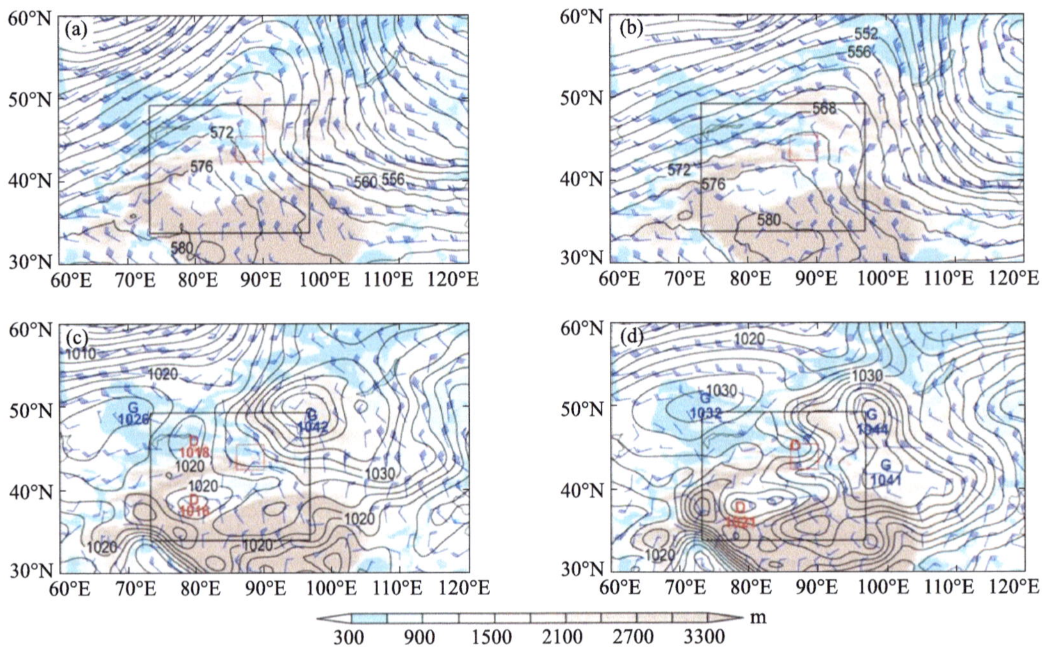

图 2.2 乌鲁木齐东南大风高、低空形势场

500 hPa 高度场和风场：(a)2012 年 3 月 29 日 20 时，(b)2012 年 3 月 30 日 08 时

850 hPa 风场和海平面气压场：(c)2012 年 3 月 29 日 20 时，(d)2012 年 3 月 30 日 08 时

(图中黑色矩形框为新疆所在区域，红色矩形框同图 2.1a)

2.2.2 模拟方案设计

WRF 模式是由美国大气研究中心和美国环境预报中心联合多家大学、研究机构及业务部门开发的新一代中尺度数值天气预报模式及同化系统，该模式在中国天气预报和数值模拟研究中得到广泛应用。本节使用 WRF V3.7.1 对这次东南大风天气过程进行数值模拟，采用 27/9/3 km 三重双向嵌套(图 2.1a)，垂直方向为 38 层，模式顶气压取 50 hPa，并对低层进行了加密，物理过程和参数化方案见表 2.1。初始场使用 NCEP/NCAR(1°×1°)的 FNL 数据驱动，模拟时段从 2012 年 3 月 29 日 08 时至 31 日 20 时，每 6 h 更新一次侧边界，逐小时输出模拟结果。

表 2.1　模拟过程中各嵌套区域使用的物理过程和参数化方案

嵌套方案	D01	D02	D03
微物理	WSM6	WSM6	WSM6
积云参数化	Kain-Fritsch	Kain-Fritsch	——
长波辐射	RRTMG	RRTMG	RRTMG
短波辐射	RRTMG	RRTMG	RRTMG
陆面过程	Noah	Noah	Noah
近地层	Monin-Obukhov	Monin-Obukhov	Monin-Obukhov
边界层	ACM2	ACM2	ACM2

注：D01、D02、D03 参见图 2.1a

2.2.3　模拟结果分析

2.2.3.1　地面气压场和风场

地面气压场和风场的演变反映出这次东南大风过程属锋前减压＋回流型的天气形势。2012 年 3 月 29 日 22 时(图 2.3a)峡谷两端海平面气压相当，峡谷内无明显的气流运动。至 30 日 04 时(图 2.3b)北疆受锋前减压影响气压开始下降，同时蒙古高压底部的冷空气回流进入南疆，峡谷南端气压升至 1030 hPa，峡谷两端气压差达 7.5 hPa，高压舌自南向北伸展进入峡谷，冷空气在气压梯度力作用下自南端进入峡谷，其运动方向受峡谷走向的强迫作用转为西北—东南向，同时在狭管效应的作用下风速逐渐加大，峡谷北端出口处出现 8 级大风。

30 日 10 时南疆气压进一步增强至 1035 hPa(图 2.3c)，峡谷两端气压梯度最大，达 12.5 hPa。高压舌在峡谷内伸展得尤为明显，表明冷空气充分进入峡谷，1030 hPa 的等压线越过峡谷中部 B 点，与峡谷北端 C 点间的气压梯度达到最强，峡谷内自中部以北开始出现 8 级大风，气流在向峡谷北端的运动过程中继续加速，在峡谷出口的地形下降处形成强下坡风(风力达 11 级)，大风区覆盖范围达到最大，下坡气流保持东南风向进入准噶尔盆地，并向 D 点运动。之后南、北疆的气压梯度逐渐减弱，峡谷内及出口处的风速随之减小直至静风。

2.2.3.2　天山峡谷的超低空急流

在地面气压场南高北低的情形下，气压梯度力推动冷空气进入峡谷，气流进入峡谷的过程在地面和中低空同时存在，但在 850 hPa 上峡谷内东南风较之地面更加强劲。29 日 22 时(图 2.4a)南高北低的气压场尚未建立，峡谷内还没有形成方向一致的气流。30 日 04 时(图 2.4b)南北气压梯度初步建立，峡谷内 B 点以北出现超过 8 级的东南大风，较地面风场(图 2.3)大约早 6 h，风速也更为强劲，峡谷出口处 C 点风力达 11 级。30 日 10 时(图 2.4c)峡谷内风力达到最强，此刻峡谷出口处风力达到 12 级，且在下游 D 点出现另一个风力 12 级的大值区。随后南北气压梯度减小、风速趋于减弱，随着位于新疆西北部蒙古冷高压的东移，气流进入准噶尔盆地后逐渐由东南向转为西南向(2.4e、f)。由于峡谷内海拔为 1100～1250 m，峡谷内 850 hPa 高度的强风带距离地面 300～400 m，属超低空急流。该超低空急流由气压梯度力和狭管效应共同作用而形成，在峡谷出口处的低空风速最大。

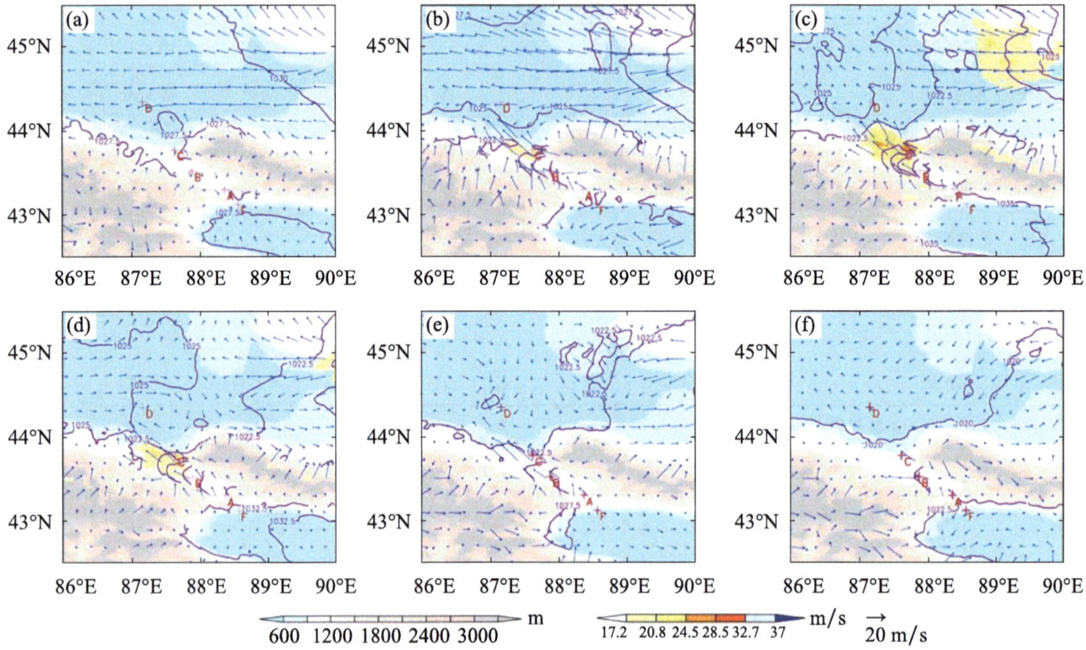

图 2.3 乌鲁木齐东南大风地面气压场和风场

［地形高度(色阶)；海平面气压(紫线)；风(彩箭头)，蒲氏风级(8 级开始填色)；F、A、B、C、D 点同图 2.1b］

(a)29 日 22 时，(b)30 日 04 时，(c)30 日 10 时，(d)30 日 16 时，(e)30 日 22 时，(f)31 日 04 时

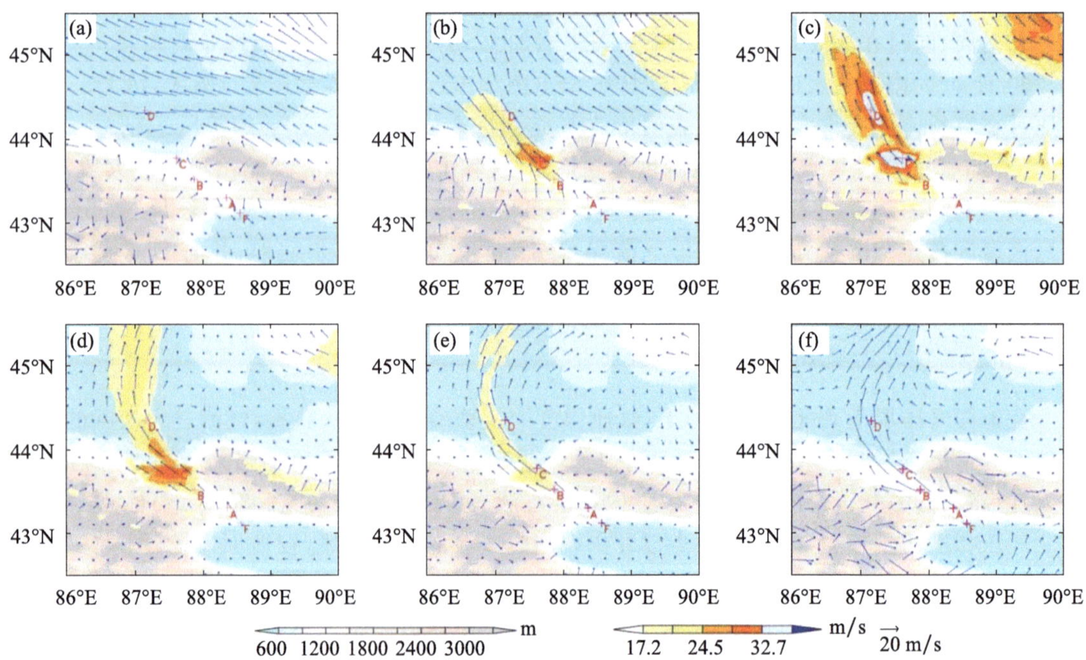

图 2.4 同图 2.3(但风场为 850 hPa)

2.2.3.3 重力波及其与超低空急流的耦合

气流自吐鲁番盆地爬坡进入峡谷过程中受地形抬升及重力恢复力的作用会激发出重力波。

重力波可以使用位温进行表征(杨大升 等,1980)。当重力波沿峡谷向北传播在背风坡处产生背风波,背风波的下沉运动与前文所述的超低空急流发生相互作用,将超低空急流携带的动量下传至地面,导致下坡风暴的产生。图 2.5 详细展示了这一过程,当峡谷两端气压梯度不明显时,峡谷内地面至高空无明显的气流运动,等位温线较为平直。随着峡谷两端气压梯度的逐渐增大,30 日 04 时(图 2.5b)等位温线波动性迅速增大,重力波振幅加大,在峡谷内形成一个波长与峡谷长度相当的完整波形。因狭管效应在峡谷内形成急流,急流轴在 850 hPa 附近,急流区向上延伸至 700 hPa 附近,而 700 hPa 的高度与峡谷两侧山体高度相当(图 2.1b),表明峡谷内由地面至峡谷两侧山体高度均受狭管效应影响,最强处在 850 hPa 附近。风羽图显示气流运动与等位温线吻合度较高,表明重力波传播过程中与超低空急流产生耦合。此时冷空气在峡谷南端堆积尚不深厚,进入峡谷的气流以地面爬坡为主。30 日 10 时(图 2.5c)冷空气在峡谷南端形成深厚的堆积,从地面至 700 hPa 气流充分进入峡谷,峡谷内中低空急流达到最强,重力波也达到最强,其振幅为 1500~2000 m,波长与峡谷长度相当。等位温线在峡谷南端出口处与地面近乎垂直,背风波波谷曲率达到最大,波谷处风力达 12 级,11 级风力接地。风羽的走势与等位温线的走势更一致,表明超低空急流与重力波充分耦合,急流随重力波向前传播在下坡处形成背风波的水跃现象,此时位温线向上游方向倾斜,削弱了重力波波包的垂直传播速度并导致波破碎。波破碎湍流加剧急流区能量的向下传播,加大了地面风速。另外,在下坡处势能向动能的转化也会加大地面风速。之后随着峡谷两端气压梯度的减小,进入峡谷的气流减弱,重力波振幅变小,峡谷内中低空急流减弱,峡谷北端的东南风也随之减弱。

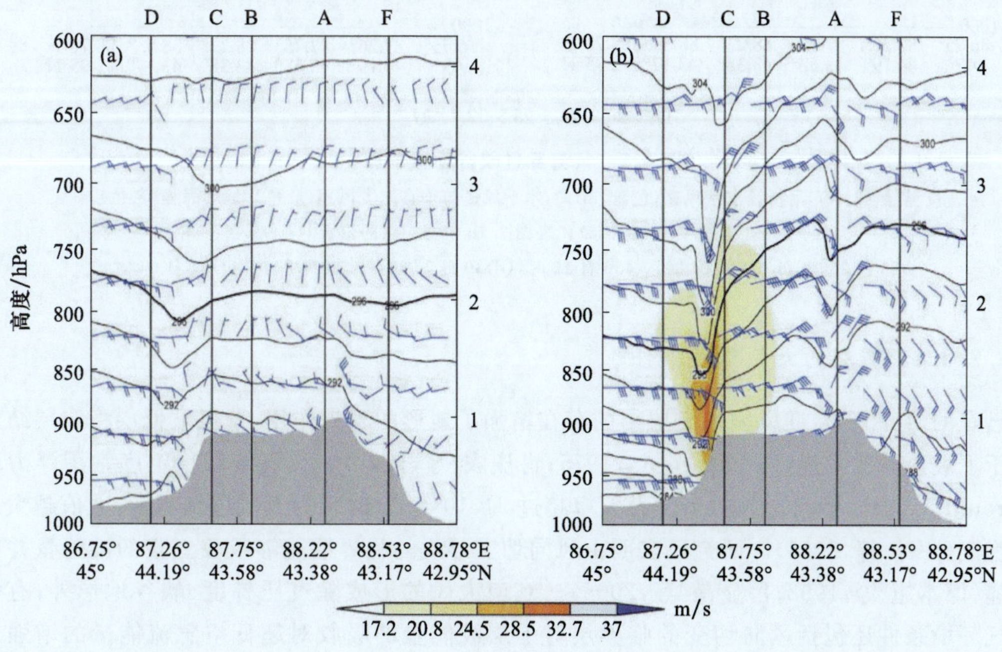

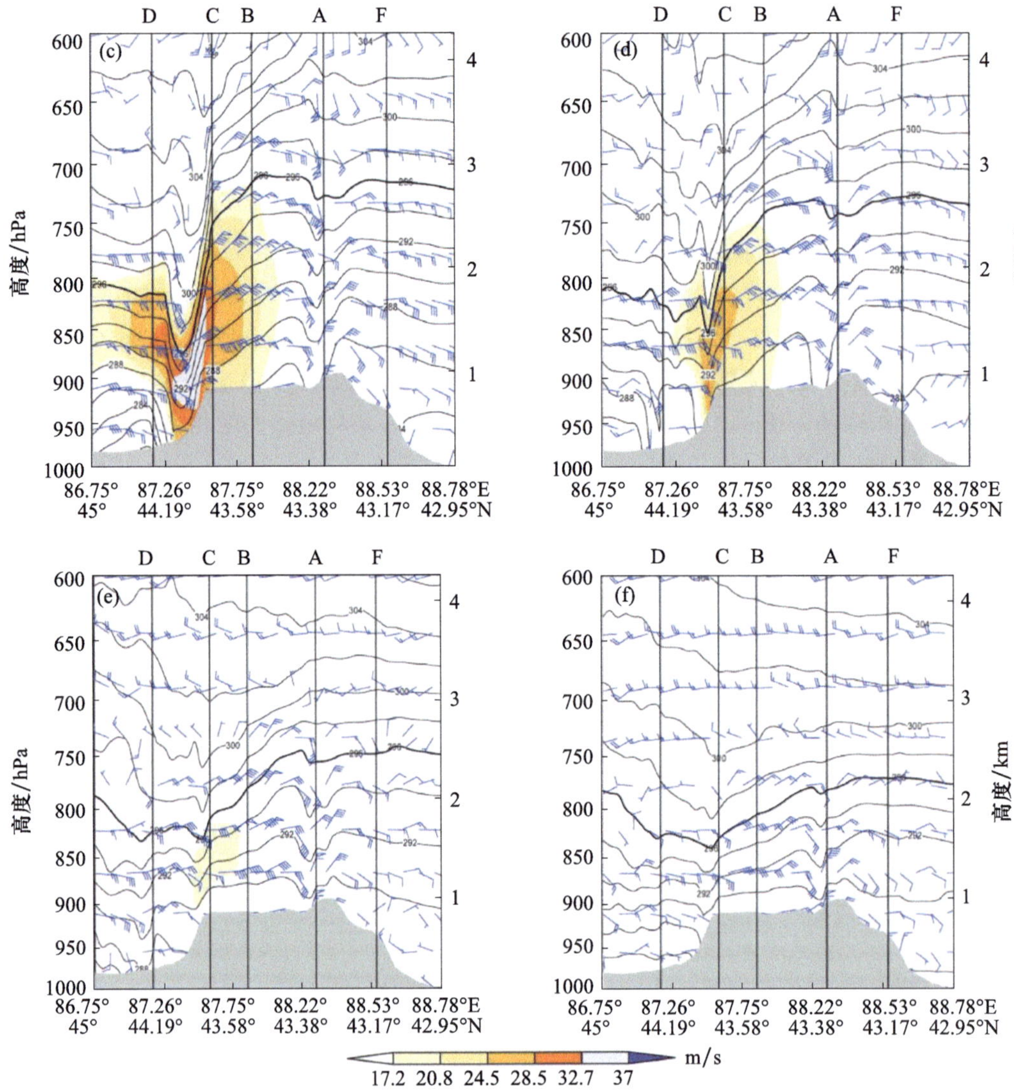

图 2.5 气流穿过峡谷垂直剖面

[位温(黑线,K),沿折线水平风速(色阶,m/s),水平风速与垂直速度风羽(蓝色),地形高程(灰色),竖线 F、A、B、C、D 代表图 2.1b 中相应点的位置]

(a)29 日 22 时,(b)30 日 04 时,(c)30 日 10 时,(d)30 日 16 时,(e)30 日 22 时,(f)31 日 04 时

2.2.3.4 有利的大气环境条件

已有的研究表明,迎风坡稳定层结的存在增强了地形的阻挡作用,背风坡低层稳定层结则有利于下坡风暴的发展(Klemp et al.,1975;肖庆农 等,1995)。大气层结稳定度常用浮力频率(Brount-Väisälä 频率)刻画,当浮力频率超过 $2\times10^{-4}\ s^{-2}$时认为大气层结稳定,数值越大层结越稳定(卢冰 等,2014)。研究还表明由风向切变形成的临界层能够吸收上空的波能量并向下传递(谭本馗 等,1992;岳显昌 等,2005)。东南大风的形成除气压梯度、峡谷地形外,有利的大气环境条件还包括风向切变的临界层对上层波能量的吸收对超低空急流能量的增强作用,以及大气稳定层结对背风波下沉运动的加速作用。

从峡口南端到峡谷中部，对流层低层不存在逆温层，在峡口北端 850 hPa 附近存在逆温层，该稳定层结有利于背风波的下沉运动(图 2.6)。低层东南风与高层西南风发生切变的临界层高度，在峡口南端和峡谷中部较高，位于 750～650 hPa，在峡口北端较低，位于 800～750 hPa。而临界层上下风切变的强度，自南向北明显增强，这表明临界层吸收上层波能量逐渐加强，传递给下层气流的能量也逐渐增强，在峡谷中部超低空急流的风速达 24 m/s，超低空急流向北传播过程中高度降低、强度进一步加强，在峡谷北端风速增至 36 m/s。

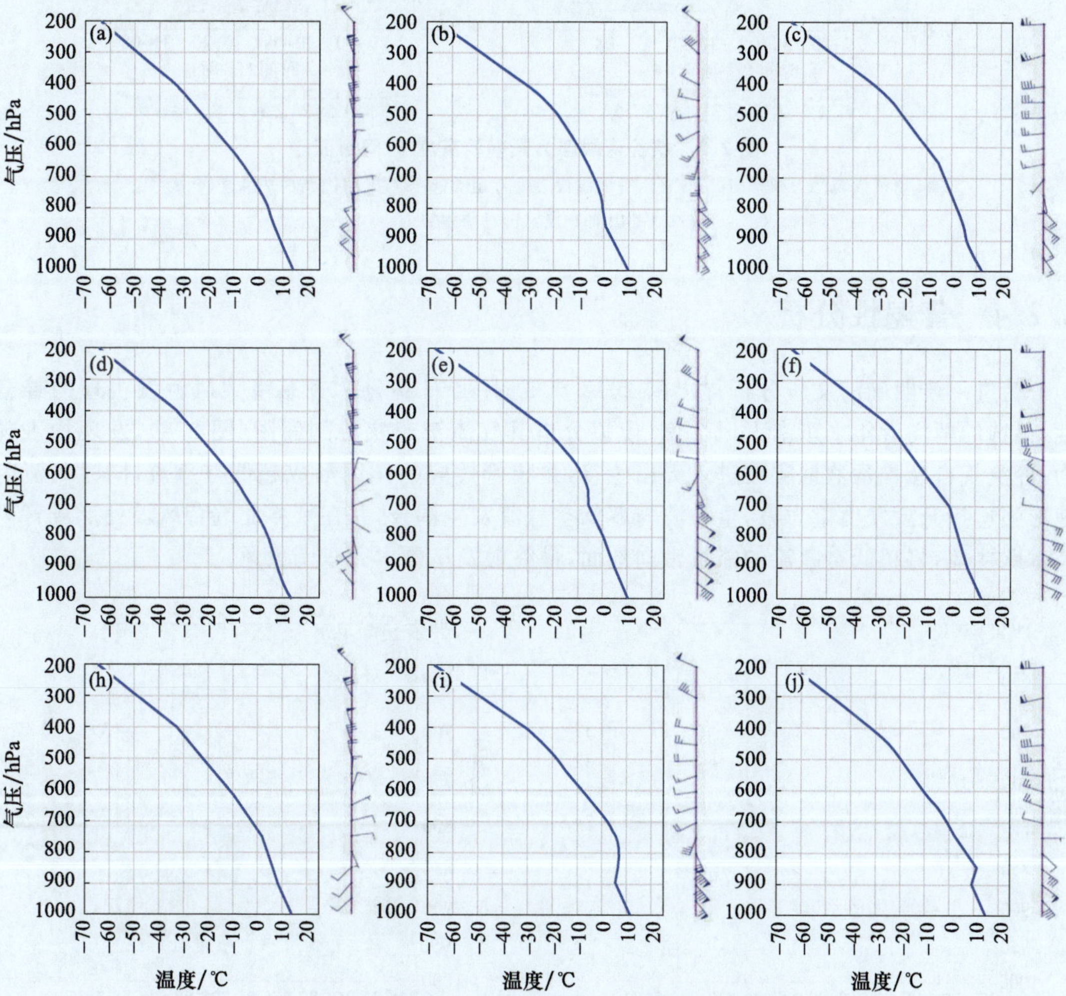

图 2.6 站点温度气压廓线(*T*-ln*p* 图)及风速图

(a)—(c)代表山前 F 点，(d)—(f)代表峡谷内 B 点，(g)—(i)代表背风坡 C 点，三个点的位置参见图 2.1b，三个点的时间依次为 29 日 22 时、30 日 10 时、30 日 22 时

峡谷两端大气层结稳定度和垂直速度的时间-高度剖面进一步展示出大气环境条件有利于气流爬坡，以及对下坡风暴的加强作用(图 2.7)。在峡口入口处大气层结稳定度呈三角结构，对流层低层层结稳定度不高，这种层结稳定度有利于近地层气流爬坡进入峡谷。在峡口出口处大气低层层结稳定，利于超低空急流能量向地面的传播，强稳定和下沉运动中心出现时间与地面强风出现时间一致。

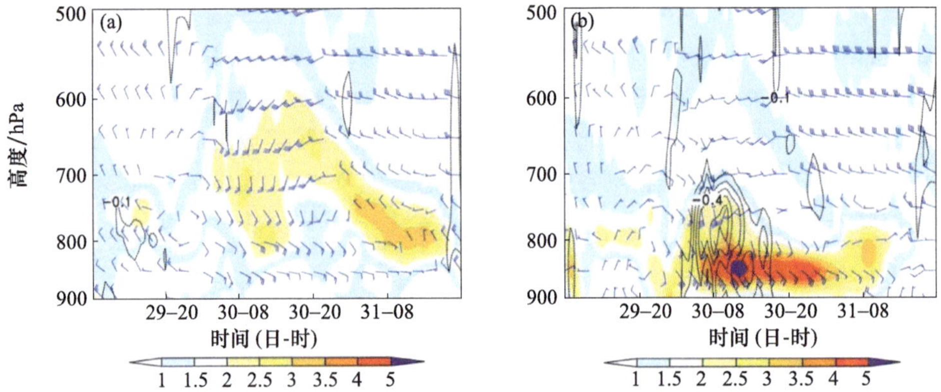

图 2.7　峡谷两端浮力频率的高度-时间剖面

[填色代表浮力频率($10^{-4}\ s^{-2}$),等值线代表垂直运动(m/s),风羽代表水平风速(m/s)]

(a)山前 F 点,(b)乌鲁木齐

2.2.4　普遍性分析

为进一步明确前文所分析提出的 2012 年 3 月 30 日乌鲁木齐东南大风触发机理的普遍性,另选的两场近年来东南大风个例,模拟分析其气流穿越峡谷剖面图(图 2.8),发现均表现为:冷空气自吐鲁番盆地爬坡进入天山峡谷,在狭管效应的作用形成超低空急流,同时气流因地形强迫抬升激发出重力波,重力波与超低空急流发生耦合,并在峡谷北端背风坡处形成背风波水跃接地,将超低空急流的能量带向地面,最终触发乌鲁木齐东南大风。

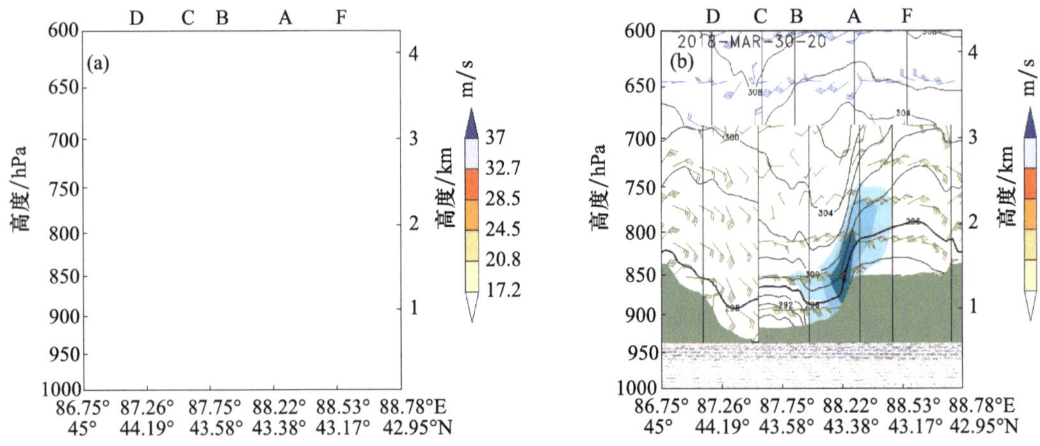

图 2.8　气流穿过峡谷垂直剖面

[位温(黑线,K),沿折线水平风速(色阶,$m \cdot s^{-1}$),水平风速与垂直速度风羽(蓝色),地形高程(灰色),竖线 F、A、B、C、D 代表图 2.1b 中相应点的位置]

(a)2016 年 5 月 14 日 12 时;(b)2018 年 3 月 31 日 04 时

2.2.5　结论

由于天山大地形的阻挡作用,在特定的天气形势下其两侧会出现南高北低的气压场形势,气流穿越天山中部的峡谷,形成峡谷北端乌鲁木齐城区的东南大风。使用中尺度 WRF 模式对2012年3月30日乌鲁木齐城区出现的近10年来最强的一次东南大风进行了数值模拟，对该次东南大风天气进行了诊断分析，得出本次东南大风的触发机理，并选取另两次东南大风个例进行对比验证，最终形成结论如下：

(1)蒙古高压底部的冷空气回流进入南疆盆地形成地面高压，北疆因锋面入侵出现锋前减压，天山两侧形成南高北低的气压场分布，在气压梯度力的作用下，冷空气进入天山中部峡谷，在狭管效应的作用下气流逐渐加速，在峡谷中部距离地面300～400 m形成超低空急流。

(2)在峡谷南端冷空气爬坡进入峡谷的过程中，因地形强迫抬升激发出重力波。随着峡谷两侧气压梯度的增强，气流进入峡谷的速度增大，重力波振幅加大，并与超低空急流发生耦合，重力波波长与峡谷长度相当，并在峡谷北端背风坡处形成背风波水跃接地，将超低空急流的能量带向地面，形成地面强下坡风暴，即东南大风。在此过程中，背风坡上空对流层低层稳定的大气层结加剧了背风波下沉运动及其引发的能量下传。

(3)两个因素对超低空急流能量进行了补充和增强。其一：超低空急流之上的东南与西南风风向切变的临界层吸收上层波能量，向下传递给超低空急流；其二：重力波破碎湍流加剧了急流区能量的向下传递。

2.3 吐鲁番盆地西北大风机理

2.2节讨论了天山峡谷北端乌鲁木齐东南大风，本节将讨论天山峡谷南端吐鲁番盆地的西北大风。吐鲁番境内存在著名的三十里风区，灾害大风频发，且盛行风向与交通线路夹角较大，往往出现横风，是威胁交通安全的主要气象灾害(马韫娟 等，2012)，曾多次发生货运列车因强风脱轨事故(张家宝 等，1986)。

东南—西北走向的峡谷区存在非均匀的陡峭台式地形(图2.9b)，峡谷北侧从盆地进入峡谷为缓慢的上坡，由F点到B点的地形抬升作用明显，由B点到D点长度约80 km峡谷区内的地形缓慢抬升且峡谷逐渐变窄，但存在局地起伏且峡谷收缩变窄程度不一。D点到E点为断崖式突降下坡地形，这种上坡缓下坡陡的非对称地形，为极端下坡风暴的产生提供了有利的地形条件(肖庆农 等，1995)。选取2007年2月28日大风进行中尺度分析。

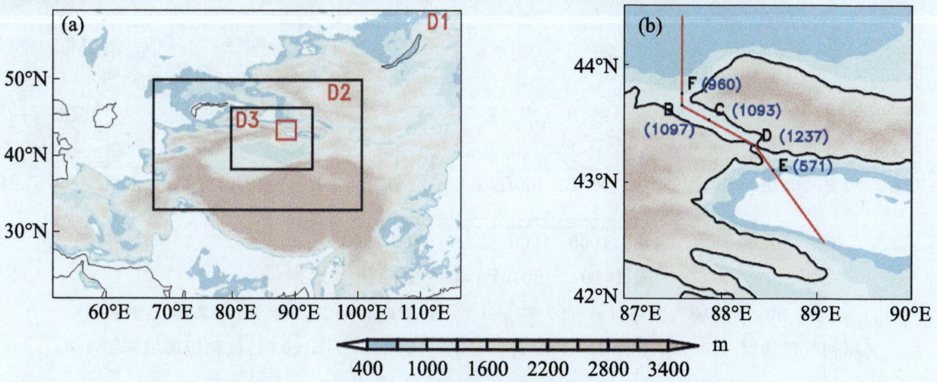

图2.9 模拟区域和地形

(a)模式三重嵌套区域网格距分别为27 km(D1)、9 km(D2)和3 km(D3)，地形高度(色阶，单位：m)；(b)图a中红色矩形区域内地形高度，其中F点(海拔960 m)位于天山峡谷北端入口外，B点(海拔1097 m)位于峡谷北端入口，C点(海拔1093 m)位于峡谷中部，D点(海拔1237 m)位于峡谷最窄处，E点(海拔571 m)为列车侧翻事故地点。红色折线为图2.14中气流穿越峡谷下坡的垂直横截面位置

2.3.1 天气过程概述

2007 年 2 月 28 日 02 时前，由乌鲁木齐开往阿克苏的 5807 次旅客列车行至吐鲁番境内珍珠泉至红山渠间，因大风造成 11 节车厢脱轨侧翻的重大交通事故，在当年中国十大天气、气候事件中排在首位。

2007 年 2 月 26 日起的数十小时内，欧亚地区 500 hPa 高度上维持两脊一槽的形势(图 2.10a、b)，新疆处于脊前持续加强的冷平流之下。随着环流经向度的加大，地面冷高压持续加强，地面图(图 2.10c、d)上，26 日 20 时位于里海以北的冷高压中心达 1036.2 hPa，高压东部伸到了北疆地区，巴尔喀什湖以南气压达 1024.1 hPa。与此同时，南疆塔里木盆地的热低压开始形成并发展，天山峡谷两侧气压梯度逐渐增强。至 2 月 27 日 20 时，冷高压中心东移南下至咸海，中心强度达到 1038.9 hPa，巴尔喀什湖以南的气压达到 1037.8 hPa，冷高压的东部已经到了天山北坡。与此同时，南疆盆地热低压中心东移到吐鲁番盆地，中心降至 997.7 hPa，天山两侧气压差超过 20 hPa。因天山地形的阻挡，冷空气在天山北侧形成深厚堆积，天山北侧出现密集的等压线。这是形成事故所在地“三十里风区”下坡风暴的典型大尺度背景，在这样的大尺度背景下，冷空气充分进入天山峡谷，在强气压梯度的和天山峡谷特殊地形作用下，形成三十里风区的大风。

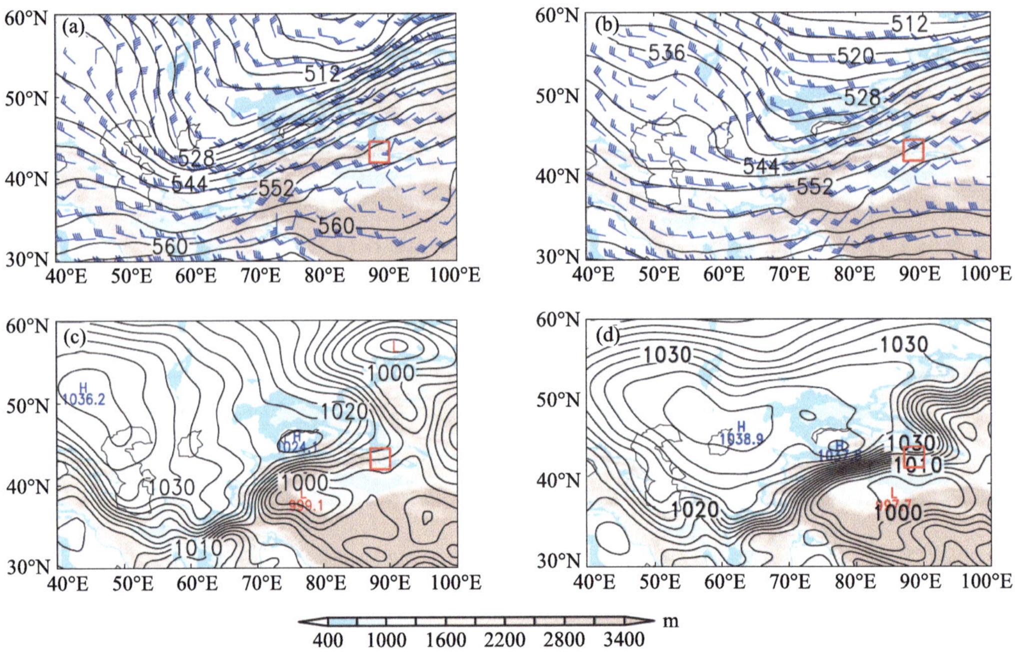

图 2.10　500 hPa 和地面形势及地形

500 hPa 高度场和风场：(a)2007 年 2 月 26 日 20 时，(b)2007 年 2 月 27 日 20 时；

海平面气压场：(c)2007 年 2 月 26 日 20 时，(d)2007 年 2 月 27 日 20 时；红色矩形框同图 2.9a

2.3.2 模拟方案设计

使用 WRF V3.8.1 对这次下坡风暴过程进行了数值模拟，采用 27/9/3 km 三重双向嵌套，具体模拟范围如图 2.9a 所示，垂直方向为 38 层，模式层顶为 50 hPa，并对低层进行了加密，物理过程和参数化方案为：WSM6 微物理方案，YSU 边界层方案，RRTM 长波辐射方案，Dudhia 短波辐射方案，Monin-Obukhov 近地层方案。使用 NCEP 1°×1°的 FNL 数据驱动，从 2007 年 2 月 26 日 08 时起积分 60 h，逐小时输出模拟结果。

2.3.3 模拟结果分析

2.3.3.1 气流过山与山前弗劳德数

气流从天山峡谷北端爬坡进入峡谷是形成峡谷内大风的必要条件，气流过山问题研究中，山前弗劳德数(Fr)是描述过山气流特征的一个重要参数，它的定义为 $Fr=U/(N\times h)$，其中 U 为气流平均速度，h 为山高，N 为气层静力稳定度。弗劳德数决定过山气流的特征：大于 1 时，气块具备的动能大于翻山所克服势能，能够翻过山；小于 1 时，气块较难沿山坡爬升，而会沿山侧面绕行或在山腰停留(张强，2001)。

峡谷北端 F 点(图 2.9b)900～700 hPa 弗劳德数随时间的变化(图 2.11)表明，在 26 日 23 时和 27 日 00 时，气流具有爬升进入峡谷的能力，随后的 6 h 爬升能力下降；27 日 08 时起，弗劳德数稳定维持在 1 以上并逐渐增大，表明随着北疆冷高压的增强及气压梯度的增大，气流能够持续进入峡谷；27 日 14 时起，Fr 保持在 1.5 以上，其中 27 日 22 时 Fr 达到最大值 2.3，表明冷空气爬坡能力达到最大。迎风坡低层弗劳德数的这种变化反映了天气系统的总体特性，是发生下坡风暴的典型天气形势。

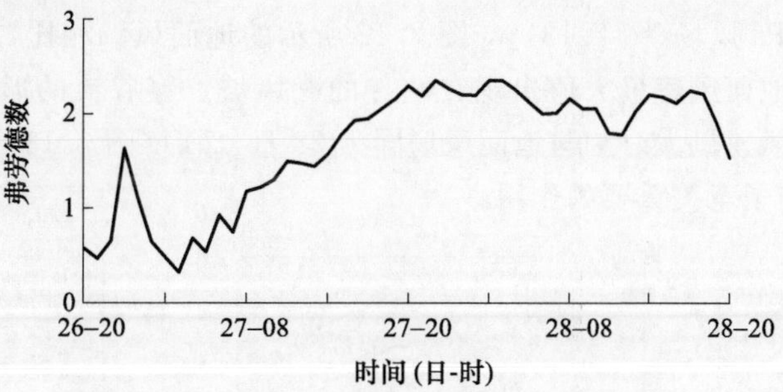

图 2.11 山前 F 点 900～700 hPa 弗劳德数

2.3.3.2 水平风场结构分析

首先分析 10 m 风场。气流持续进入峡谷，引起峡谷内风速的显著变化。由 10 m 风场的模拟结果(图 2.12)可见，气压梯度力产生的偏北风进入山谷前的风速为 10 m/s 左右，风速分布比较均匀(图 2.12a)；随着冷平流向峡谷南部伸展，风速逐渐增大，气流进入峡谷后狭管效应和气压梯度力作用的共同结果使风速持续增大，风向也因峡谷内地形走向强制由北风转为西北风，并形成穿谷急流，风速超过 25 m/s(图 2.12b、c)；28 日 02 时(列车侧翻时刻，图 2.12d)，穿谷急流下坡过程中形成下坡风暴，E 点附近出现风速超过 35 m/s 的大风区。这种穿谷急流爆发性增强是由 3 种原因造成的：其一是气压梯度力不断增大，峡谷区南北两侧的气压差从 27 日 08 时到 28 日 02 时的 18 h 内，每 6 h 气压梯度值分别从 5 hPa 迅速增大到 10 hPa、15 hPa、20 hPa，从而引起气压梯度力对气块的加速作用不断增强；其二是气流进入谷区后受狭管效应的作用风速再次增强；其三是峡谷南端背风坡地形陡降，气流下山过程中势能转为动能，引发 E 点下坡风暴。

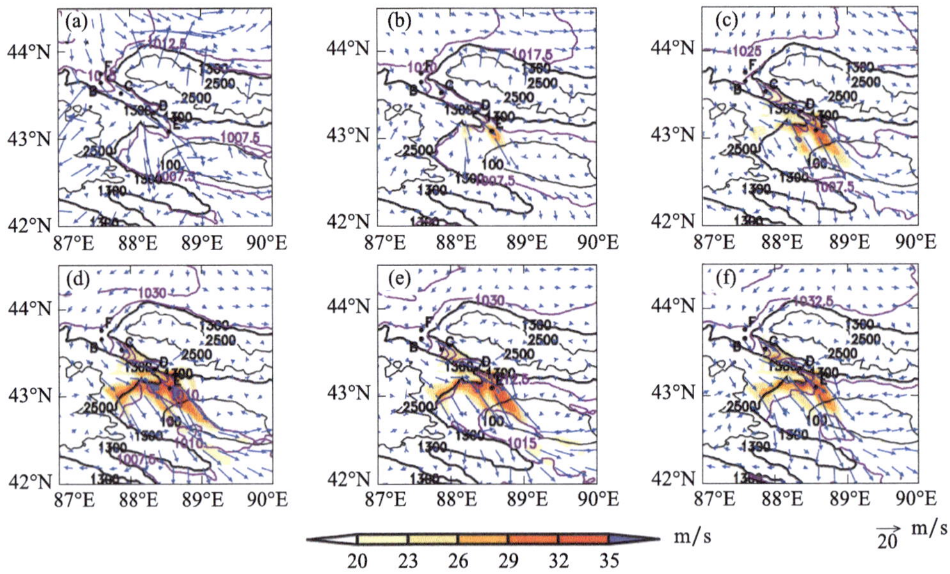

图 2.12　地面风场模拟结果

［地形等高线(黑线)，海平面气压(紫线)，风矢(箭头)，风速(色阶，单位：m/s)，F、B、C、D、E 同图 2.9b］

(a)2007 年 2 月 27 日 08 时，(b)2007 年 2 月 27 日 14 时，(c)2007 年 2 月 27 日 20 时

(d)2007 年 2 月 28 日 02 时，(e)2007 年 2 月 28 日 08 时，(f)2007 年 2 月 28 日 14 时

继续分析 850 hPa 风场(图 2.13)，与图 2.12 所示的地面风场相比，差异在穿谷流风速最大值峡谷出口位置，地面风速最大值出现在峡谷的背风坡。穿谷流的形成和加速在 850 hPa 图上表现更加明显，风速最大时刻与地面风场同为 28 日 02 时(图 2.13d)，穿谷流对背风坡强下坡风暴的形成起到了至关重要的作用。

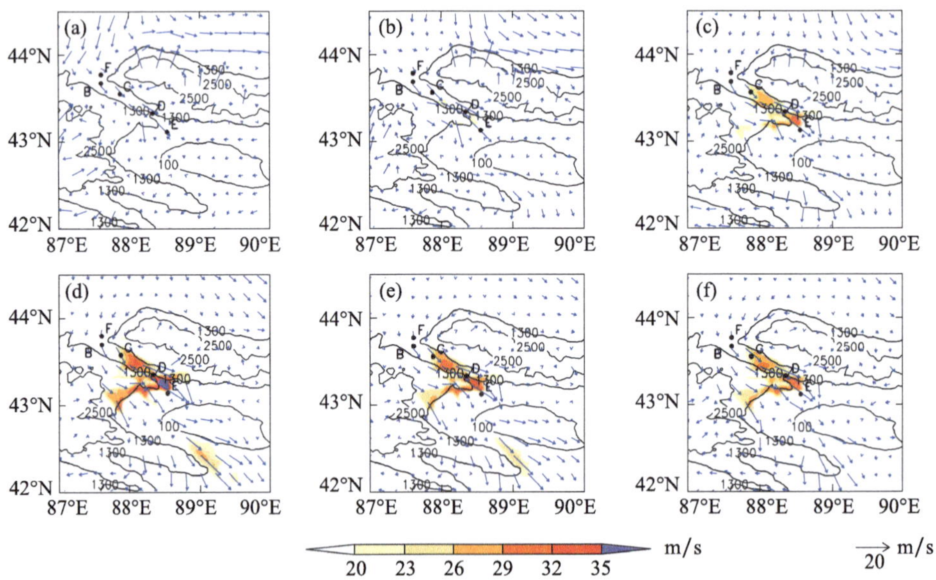

图 2.13　同图 2.12，但为 850 hPa 风场

2.3.3.3　穿谷流剖面结构及重力波作用分析

气块在翻山过程中，受迎风坡的阻挡作用而强迫抬升，翻山爬坡以后，重力作为一种恢复力，有使气块恢复到原来高度的趋势，在此作用下空气质点产生垂直振荡，这种振荡水平传播形成重力波。本次天气过程中，翻山气流处于非饱和状态，这样的状态下气块在干绝热变化过程中位温是守恒的，可用于表征重力波的传播（杨大升 等，1980）。

图 2.14 为气流沿图 2.9b 中折线所示路径翻山过程中的风速、位温、垂直运动、地形高度等多要素剖面图，其中对于风速进行了投影处理，将 U、V 在折线上进行投影并求和，竖线 B、C、D、E 分别与图 2.9b 中的相应点对应。

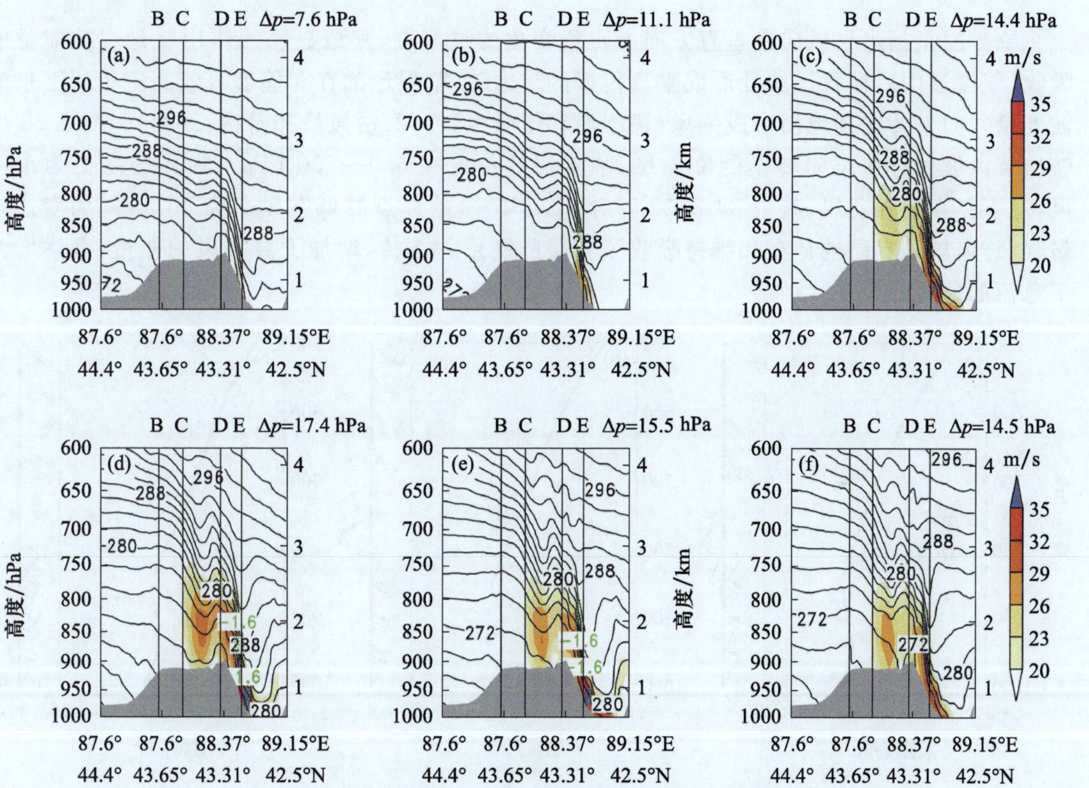

图 2.14　气流过山垂直结构剖面

［位温（黑线，单位：K），垂直运动（绿线，单位：m/s），风速（色阶，单位：m/s），地形（灰色阴影），竖线 B、C、D、E 与图 2.9b 相应点对应，Δp 为 F 点与 E 点的气压差］

(a)2007 年 2 月 27 日 08 时，(b)2007 年 2 月 27 日 14 时，(c)2007 年 2 月 27 日 20 时

(d)2007 年 2 月 28 日 02 时，(e)2007 年 2 月 28 日 08 时，(f)2007 年 2 月 28 日 14 时

27 日 08 时（图 2.14a）迎风坡上空等位温线相对平直，峡谷内等位温线出现弱波动，表明地形的强迫抬升已经激发产生重力波，但此时谷内风速较小，重力波的振幅也较小，其波长与半山宽度相当。背风坡上空等位温线折向地面，出现弱的下沉运动。27 日 14 时（图 2.14b）位温线出现折点，峡谷内重力波振幅增大，其位相逐渐向气流的上游倾斜，280 K 等位温线由最初的在背风坡处接地，逐渐开始抬升至地面以上，重力波振幅增大，随着背风坡上空的等位温线与地面夹角进一步增大，过山气流在背风坡产生明显的水跃现象，即产生大振幅重力波。27

日 20 时(图 2.14c)在气压梯度力及狭管作用下,峡谷内出现超过 23 m/s 的水平风速,28 日 02 时(图 2.14d),峡谷两端气压差达到最大,峡谷内低空风速也达到最大,其数值超过 32 m/s,进一步验证了图 2.12、2.13 所分析的穿谷气流的存在,穿谷流的中心大致在 850 hPa,此刻等位温线的振幅达到最大,在背风坡几乎与地面垂直,与其相应的下沉速度超过 1.6 m/s,重力波位相向气流的上游方向进一步倾斜,其水平相速度与水平风速的不匹配造成重力波的非线性传播并产生波破碎,波破碎相伴的湍流加强了穿谷气流能量向地面的输送,在事故地点及其下风方出现两处地面风速超过 35 m/s 的区域,与等位温线的波动相对应。之后峡谷两端的气压差减小,穿谷风速减弱,重力波振幅变小,下坡风逐渐变弱。

2.3.3.4 大气层结对下坡风暴的增强作用

临界层是指水平风向在垂直方向上正负变化的过渡层,其最显著的作用就是对波能量的吸收,气流过山后在背风坡处形成垂直传播的重力波,临界层的存在能够吸收高空传递下来的波能量并向下传输到地面形成强风(谭本馗和伍荣生,1992;岳显昌和易帆,2005)。图 2.15 反映出背风坡处存在风向转换的临界层,临界层的位置在 850～750 hPa。临界层之上为东南风,之下存在强西北风,其中 28 日 02 时(图 2.15b)事故地点的低空风速为 40 m/s,切变达到最强,背风坡临界层的存在和维持吸收了上层的能量并下传,增加了穿谷风的能量,最终增大了急流的风速。

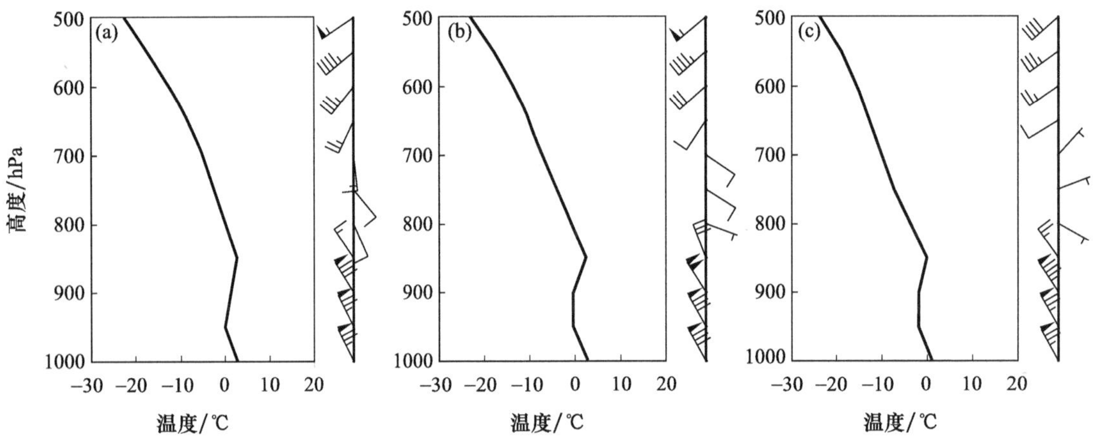

图 2.15 背风坡(图 2.9 中 E 点)上空温度、风速模拟结果

(a)2007 年 2 月 27 日 20 时,(b)2007 年 2 月 28 日 02 时,(c)2007 年 2 月 28 日 08 时

背风坡的温度-高度曲线显示,事故地点存在弱的逆温层,逆温层顶高在 850 hPa 附近,略高于峡谷内坡顶高度。逆温层对于下坡风暴的发展具有重要意义,因为它倾向于抑制地形的抬升作用和加强地形的阻挡作用(Lin,2007)。Klemp 和 Lilly(1975)、Brinkmann(1974)早期的研究也指出,下坡风暴都伴有逆温层或强稳定层结存在,如果没有则下坡风暴发展不起来。

为定量表述大气层结稳定度,引入布伦特-维萨拉(Brount-Väisälä)频率,也称浮力频率。浮力频率值 $>2\times10^{-4}\,s^{-2}$ 时认为大气为稳定层结,值越大层结越稳定(卢冰 等,2014)。

图 2.16 为迎风坡(F 点)、背风坡(E 点)浮力频率的高度-时间剖面。峡谷北端迎风坡 850 hPa 以下大气层结稳定度弱(图 2.16a),背风坡 900 hPa 以下为稳定层结,最强时段在 27 日 20 时至 28 日 08 时(图 2.16b),这也是下坡风最强的时段,垂直运动在稳定层结中得到充

分发展，将更多穿谷流能量输送到地面，加强了下坡风的强度。

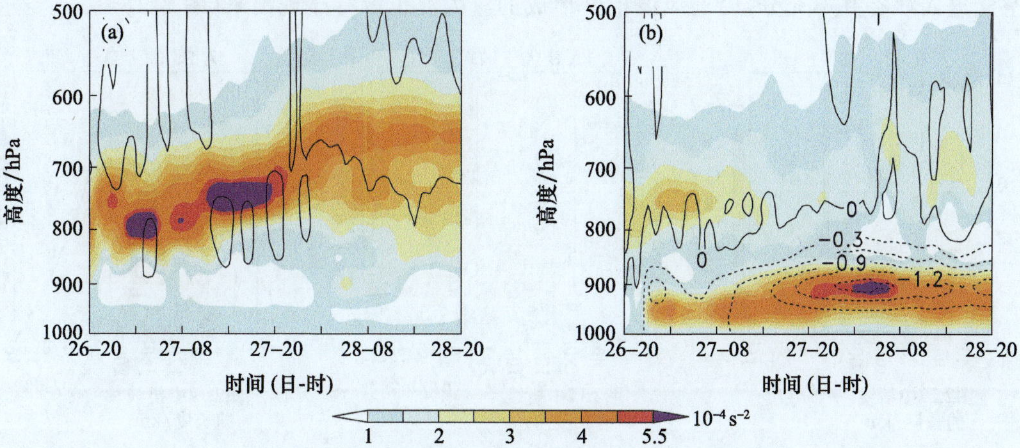

图 2.16 浮力频率、垂直运动高度-时间模拟结果

[色阶：浮力频率(10^{-4} s^{-2})，黑色等值线为垂直运动(m/s)：实线表示≥0，虚线表示<0]

(a)迎风坡，(b)背风坡

2.3.4 普遍性分析

选取 2019 年 8 月吐鲁番盆地大风进行分析对比。2019 年 8 月 10 日 08 时至 11 日 08 时新疆北部出现较大范围的大风天气，最大风速出现在托克逊县山洪克尔碱，其次为艾丁湖乡西(图 2.17)。

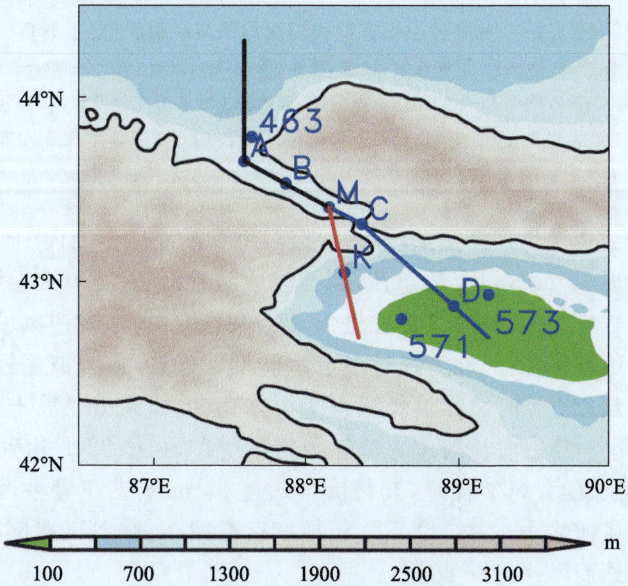

图 2.17 研究区域地形

(463 为乌鲁木齐，571 为托克逊，573 为吐鲁番，K 为山洪克尔碱，D 为艾丁湖乡西)

首先分析气块穿越峡谷从峡谷南端进入吐鲁番盆地，造成艾丁湖乡西大风的垂直剖面，即图 2.17 中黑色、蓝色折线位置，图中同时加入了乌鲁木齐与吐鲁番气压差的廓线(图 2.18)，图中迎风坡缓而背风坡陡的非对称地形表现明显。起风前期，乌鲁木齐与吐鲁番气压差较小，冷空气进入峡谷并不充分，由迎风坡抬升形成的重力波也没有显现出来(图 2.18a)。

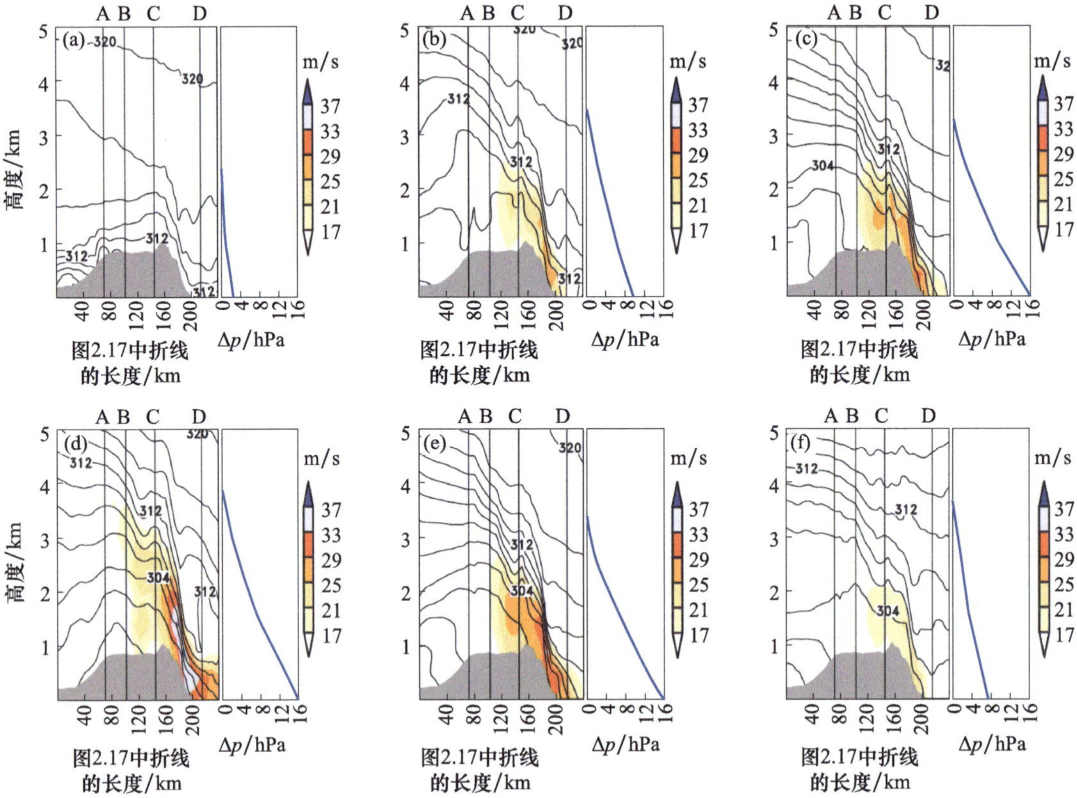

图 2.18　气流过山垂直结构剖面与气压差廓线(艾丁湖)

[沿图 2.17 中黑色、蓝色折线，位温(黑色，单位：K)，风速(色阶，单位：m/s)，其中竖线 A、B、C、D 与图 2.17 中的相应点对应，乌鲁木齐与吐鲁番气压差廓线(蓝色，单位：hPa)]

(a)2019 年 8 月 10 日 04 时，(b)2019 年 8 月 10 日 10 时，(c)2019 年 8 月 10 日 16 时

(d)2019 年 8 月 10 日 22 时，(e)2019 年 8 月 11 日 04 时，(f)2019 年 8 月 11 日 10 时

随着冷空气的堆积，气压梯度逐渐增强，冷空气堆积的厚度不断向中低空延伸的同时进入天山峡谷，峡谷内出现 17 m/s 以上的急流，急流轴大致在海拔 1500 m，其高度略小于气压差延伸的高度，即冷空气堆积的高度，气流在进入天山峡谷的同时，受迎风坡地形强迫抬升形成重力波，重力波沿天山峡谷传播，在背风坡形成水跃型背风波，重力波振幅与气压梯度及其延伸高度相关，最强时超过 1 km，总体波长相当于山体宽度，即天山北坡＋天山峡谷＋背风坡，大致接近 200 km。这种穿谷急流与重力波叠加的作用在 10 日 22 时达到最强(图 2.18d)，此时背风坡上空穿谷急流随背风波接地，其最大值超过 33 m/s，艾丁湖乡西位于地面风速大值区下游的边缘区，其风速略小一些。之后气压梯度逐渐减小，穿谷风速逐渐减小，重力波及其背风波也趋于减弱，地面风速逐渐变小。

图 2.19 为山洪克尔碱对应的剖面图，即沿图 2.17 中黑色、红色折线所示路径的多要素剖面，与图 2.18 不同的是气块自图 2.17b 中 M 点向 K 点运动过程中，再次抬升然后快速下降，其非对称地形更加显著，水跃型背风波也更加显著，穿谷流沿背风波流向地面过程中加速达到 37 m/s 以上，造成克尔碱的风速也超过了艾丁湖乡西。

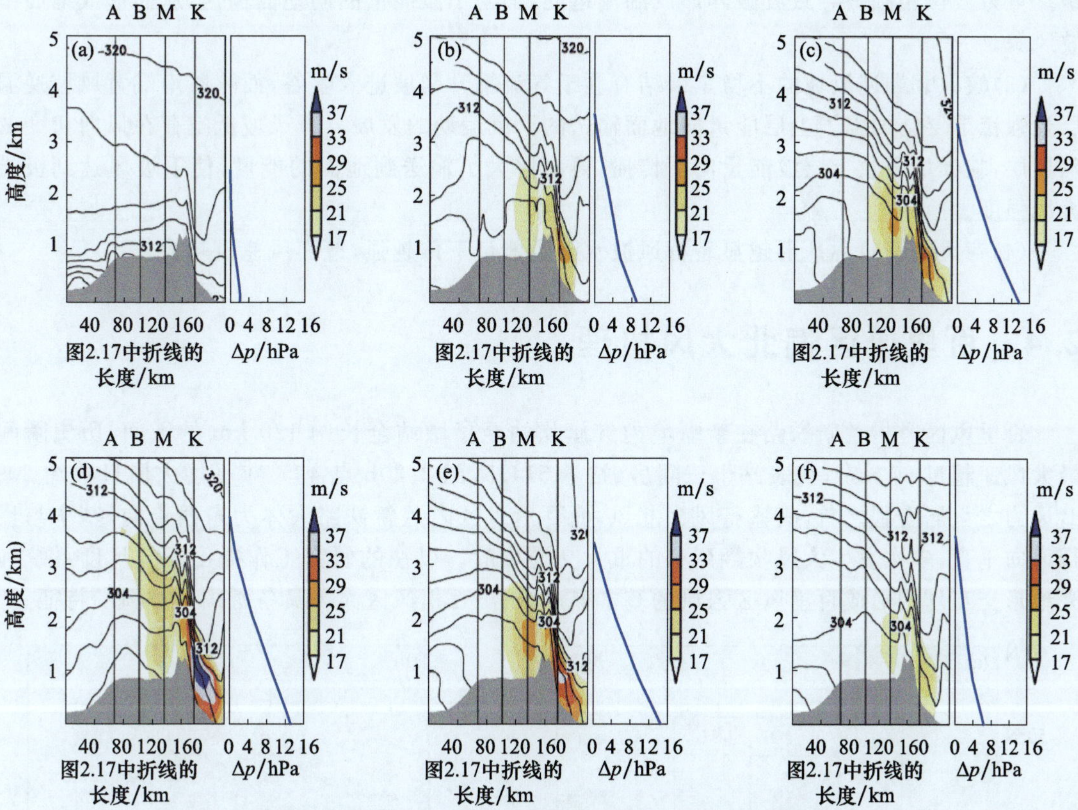

图 2.19　气流过山垂直结构剖面与气压差廓线(克尔碱)

[沿图 2.17 中黑色、红色折线,位温(黑色,单位:K),风速(色阶,单位:m/s),
其中竖线 A、B、M、K 与图 2.17 中的相应点对应,乌鲁木齐与托克逊气压差廓线(蓝色,单位:hPa)]
(a)2019 年 8 月 10 日 04 时,(b)2019 年 8 月 10 日 10 时,(c)2019 年 8 月 10 日 16 时
(d)2019 年 8 月 10 日 22 时,(e)2019 年 8 月 11 日 04 时,(f)2019 年 8 月 11 日 10 时

2.3.5　结论

北方冷空气东移南下过程中受天山大地形阻挡,在天山北侧形成深厚堆积,与此同时,塔里木盆地热低压发展,天山两侧强气压梯度推动冷空气进入天山峡谷,在狭管效应和下坡风机制的作用下,造成新疆三十里风区 2007 年 2 月 28 日大风及旅客列车侧翻事故。本次大风过程具备三十里风区大风典型的大尺度环流背景,有较好的代表性。为进一步分析其中尺度特征,使用 WRF 模式进行了数值模拟和诊断分析,提出了本次强风的形成机理模型,并选取 2019 年 8 月吐鲁番盆地大风过程进行对比,主要结论如下:

(1)北方强冷空气东移南下过程中受天山山脉大地形阻挡在其北侧形成深厚堆积,与此同时天山南侧塔里木盆地热低压发展,天山两侧形成强气压梯度。在气压梯度力的作用下,冷空气爬坡进入天山中部的峡谷,受狭管效应作用形成穿谷急流,为下坡风暴的形成提供了能量。

(2)穿谷急流自北向南穿越天山峡谷北缓南陡的非对称地形时,地形的阻挡强迫产生沿峡谷传播的大振幅重力波,重力波在背风坡产生水跃形成背风波,将穿谷急流的能量向地面输

送。重力波位相倾斜导致波破碎形成湍流运动，加剧了波能量的向地面输送，从而形成地面下坡风暴。

(3)峡谷北端迎风坡的不稳定层结有利于气流抬升爬坡进入峡谷，而峡谷南端背风坡逆温层及强稳定层结加强了上层能量向地面输送的下沉运动的发展。背风坡低空存在风向切变的临界层，临界层吸收上层波能量向下传播，再次增大了输送到地面的能量，使下坡风达到极端大风强度。

(4)背风坡非对称地形越显著背风波水跃及能量下传越强，地面风速也越大。

2.4 百里风区偏北大风机理

百里风区是指兰新铁路在新疆境内红旗坎站至了墩站全长约 120 km 的区间，历史瞬间最大风速超过 60 m/s，代表站十三间房(站号 51495，图 2.20b 点 495)年平均大风日数约 209 d，风力之大居全疆之首，其盛行风为北风，而百里风区内兰新铁路大体为东西走向，基本与盛行风向垂直，多次发生大风吹翻列车的重大交通事故。以往的研究工作提出天气尺度系统和大地形交互作用形成百里风区强风的基本概念，指出百里风区大风具备翻山下坡风的特征。

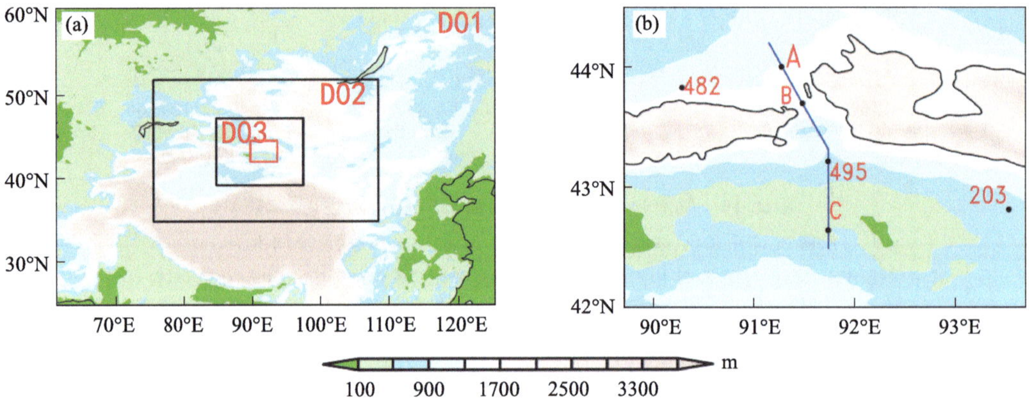

图 2.20 模拟区域嵌套及研究区域地形(色阶为海拔高度)

(a)模式三重嵌套区域及分辨率 27 km(D01)、9 km(D02)、3 km(D03)，红色矩形为研究区域所在位置；(b)研究区域，482、495、203 为气象观测站编号，分别代表木垒、十三间房、哈密，A,B,C 为参考点(蓝色折线为图 2.25 中气流垂直横截面位置)

2.4.1 百里风区大风典型天气形势

2018 年 5 月 6—8 日，百里风区出现大范围强风、沙尘天气，瞬间风速大，持续时间长，十三间房站瞬间极大风力达 13 级(40.4 m/s)，其中超过 10 级的大风持续 24 h(7 日 06 时至 8 日 05 时)，超过 12 级的大风持续 14 h(7 日 10 时至 7 日 23 时)，伴随出现沙尘暴，最低能见度不足 800 m。大风天气造成兰新铁路十三间房路段火车停运，G30 高速一碗泉路段双向交通管制。

造成此次百里风区西北大风的主导系统为欧洲高压脊，影响系统高空为西西伯利亚低压槽，地面为北欧高压。6 日 08 时(图 2.21a)，欧亚范围内为“两脊一槽”的经向环流，里海、咸海至欧洲地区和贝加尔湖地区为高压脊，西西伯利亚地区为宽广的低值系统活动区，随着里海、咸海长脊，与欧洲脊叠加，脊前强北风带最大风速达 30 m/s，引导北方冷空气南下使得西西伯利亚低压槽加深东移，槽前存在 38 m/s 的偏西南急流。7 日 08 时（图 2.21b），受极地不稳定小槽侵入，欧洲脊东南垮，西西伯利亚低压槽在逆转东移的过程中分为南、北两段，北段东移北收，南段沿脊前西北气流东南下，槽后出现强偏北气流，引导北方冷空气南下，受其影响，百里风区风力明显增强。加之下游贝加尔湖高压脊稳定维持，西西伯利亚低压槽受下游高压脊的阻挡作用，移动缓慢，长时间控制东疆，造成持续性大风。

地面冷高压移动路径为西北路径。6 日 08 时（图 2.21c），冷高压中心首见于 60°E 附近，中心强度为 1035 hPa，冷锋进入北疆西部。7 日 08 时（图 2.21d），冷高压中心东南移至鄂木斯克附近，长轴略呈东北—西南向，冷锋压至天山北坡，同时塔里木盆地、哈密盆地热低压维持，形成海平面气压北高南低的形势，气压差达 30 hPa，百里风区位于强气压梯度区。

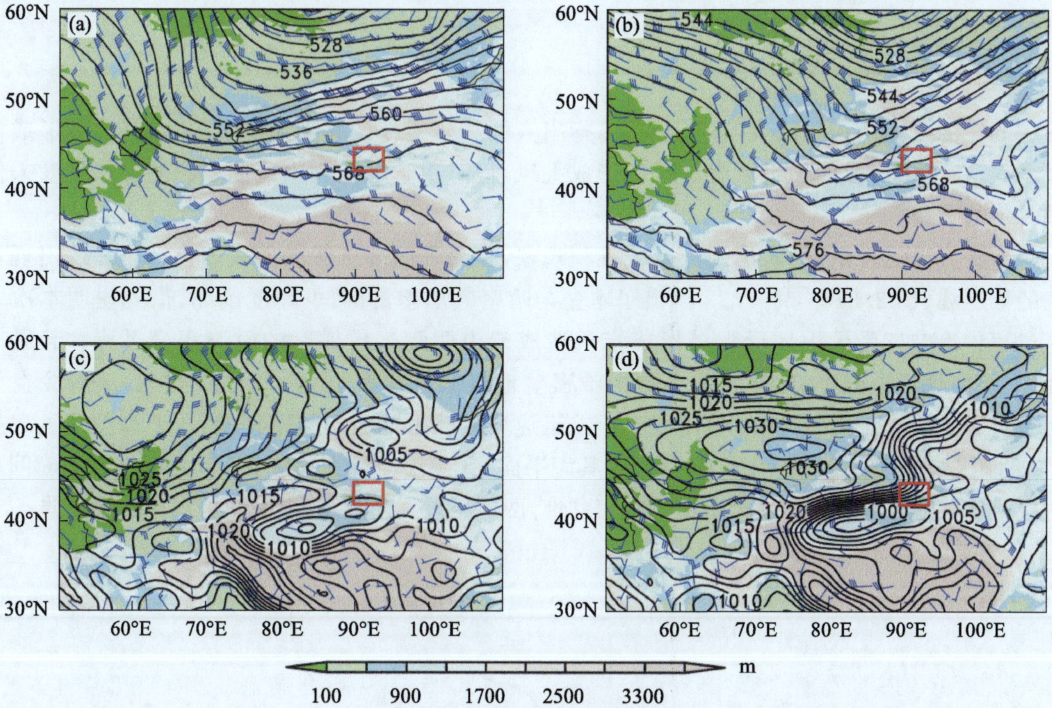

图 2.21 高低空形势场和风场

500 hPa 位势高度和风场：(a)6 日 08 时，(b)7 日 08 时

海平面气压场和 850 hPa 风场：(c)6 日 08 时，(d)7 日 08 时；红色矩形框同图 2.20a

2.4.2 模拟方案设计

使用 WRF V3.7.1 对本次大风过程进行数值模拟，模拟方案设计为 27/9/3 km 三重嵌套，嵌套区域如图 2.20a 所示，模拟层数设计为 50 层并对低层做加密处理，其中 850 hPa 以下为 13 层，模式层顶取 50 hPa，物理过程和参数化方案见表 2.2。初始场使用 NCEP/NCAR 的 GDAS 数据驱动，模拟时段从 2018 年 5 月 6 日 08 时至 8 日 20 时，每 6 h 更新一次侧边界，逐小时输出模拟结果。

表 2.2 物理过程和参数化方案表

嵌套方案	D01	D02	D03
微物理	WSM6	WSM6	WSM6
积云参数化	Kain-Fritsch	Kain-Fritsch	——
长波辐射	RRTM	RRTM	RRTM
短波辐射	Duahia	Duahia	Duahia
陆面过程	Noah	Noah	Noah
近地层	Monin-Obukhov	Monin-Obukhov	Monin-Obukhov
边界层	MYJ	MYJ	MYJ

注:D01、D02、D03 参见图 2.20a

2.4.3 模拟结果分析

2.4.3.1 天山北侧冷空气堆积

既往的研究从大尺度天气系统入手,指出入侵新疆的冷空气受天山阻挡,在其北侧形成深厚堆积,在气压梯度的作用下翻越天山形成大风,但对冷空气在天山北侧堆积的深厚程度未做进一步的分析。

本次大风过程中,同样出现冷空气堆积现象,在海平面气压场图上表现为天山北侧出现密集的等压线(图 2.21d),图 2.22 给出了木垒与哈密气压差的时间-高度剖面,借此说明本次大风过程中冷空气受天山地形阻挡形成堆积造成天山两侧气压梯度的时空演变过程。起风前期,上述两地压差较小,此气压差主要由哈密盆地热低压发展引起;7 日 02 时起,随着冷空气南下过程中受天山阻挡并堆积,两地气压差迅速增大并由地面向高空伸展,压差高度超过海拔 3 km,压差最强盛时刻在 7 日 14 时前后,其海平面气压差达 24 hPa,与十三间房风速最大时间相对应。之后随着冷空气翻越天山进入哈密盆地,两地压差逐渐减小,十三间房风速随之减弱。

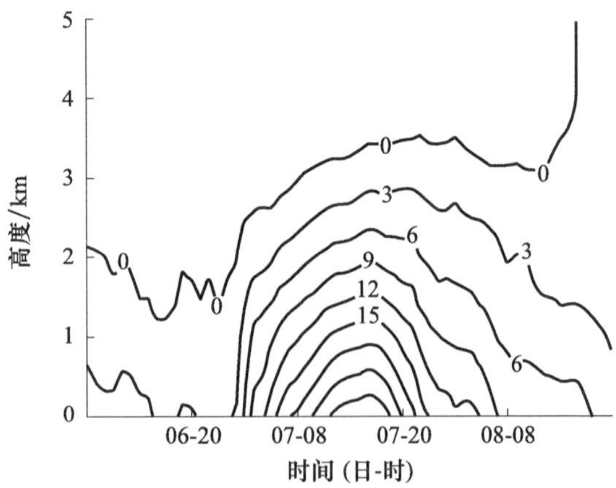

图 2.22 木垒与哈密气压差(hPa)的时间-高度剖面

2.4.3.2 地面及低空风场演变特征

图 2.23 为研究区域内地面风场模拟结果。起风前期(图 2.23a)天山两侧无明显气压差,

色皮山口内风向不一，百里风区内有弱的北风；随着冷空气南下，至7日08时(图2.23b)受天山山脉阻挡，冷空气尚未进入哈密盆地，天山北侧海平面气压迅速升高，局地加热作用使得盆地内有热低压发展、维持，天山两侧压差超过10 hPa，色皮山口出现17.2 m/s的西北大风，气流穿越色皮山口进入哈密盆地后风速迅速增大，风向转为北；7日14时(图2.23c)，随着天山北坡冷空气堆积，冷锋压至天山北坡，天山两侧海平面气压差超过20 hPa，造成南暖北冷、北高南低的气压场形势，此时地面大风达到最强，十三间房风力超过11级，其南侧风力超过12级；之后随着冷空气进入哈密盆地，天山南侧海平面气压逐渐上升，天山两侧压差减小，大风的强度及范围开始减弱并缩小。另外，需要注意的是，大风过程中七角井盆地的风速较其风向上下游区域的风速偏小，这样的模拟结果也与十三间房历史上由七角井盆地迁站至现在位置前后的观测数据对比分析结果一致，其原因将在后文进行讨论。位于十三间房南侧的区域一度出现12级的大风，由于该区域内目前无气象观测站，因此无法对模拟结果进行验证。

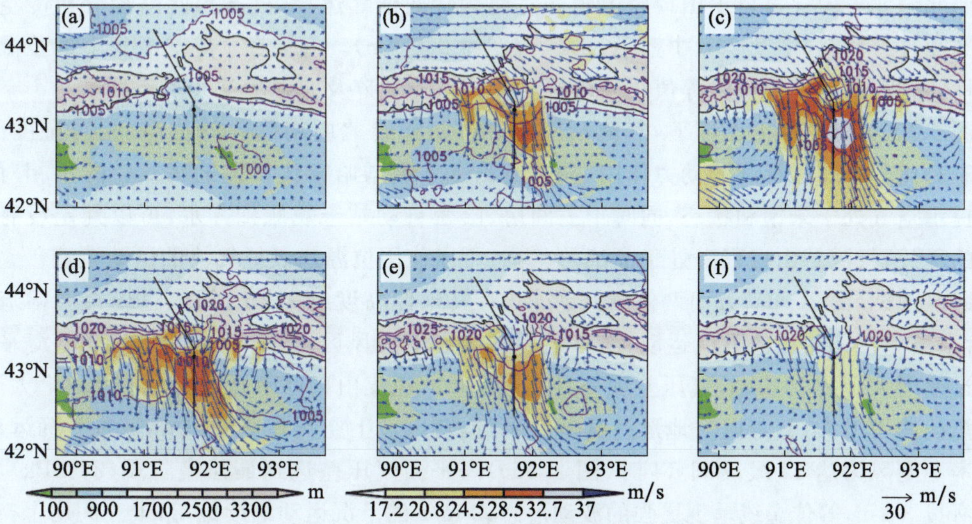

图2.23　地面风场模拟结果

(a)7日02时，(b)7日08时，(c)7日14时，(d)7日20时，(e)8日02时，(f)8日08时

［地形等高线(黑线)，海平面气压(紫蓝线)，风矢(箭头)，填色(风速，8级起，单位：m/s)，黑色圆点为十三间房，黑色折现同图2.20 b中蓝色折线］

选取海拔1000 m高度，进一步研究低空风场演变特征(图2.24)。1000 m高度风场同样表现出大风区从出现到迅速增强随后逐渐减弱的演变过程，强风区风力最强超过13级，最强时刻与地面风场一致，风向同为北，强度较地面更强，位置较地面强风区略偏北。

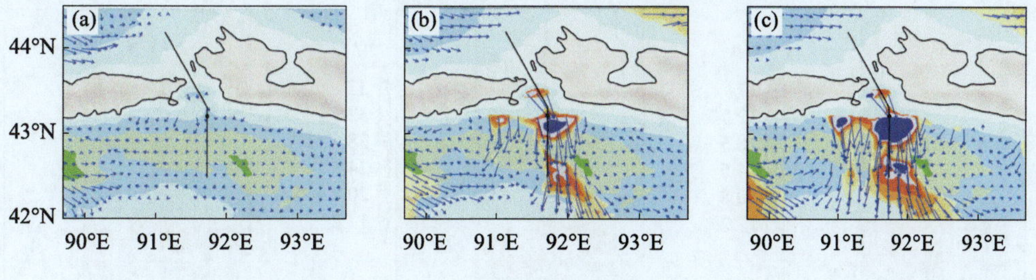

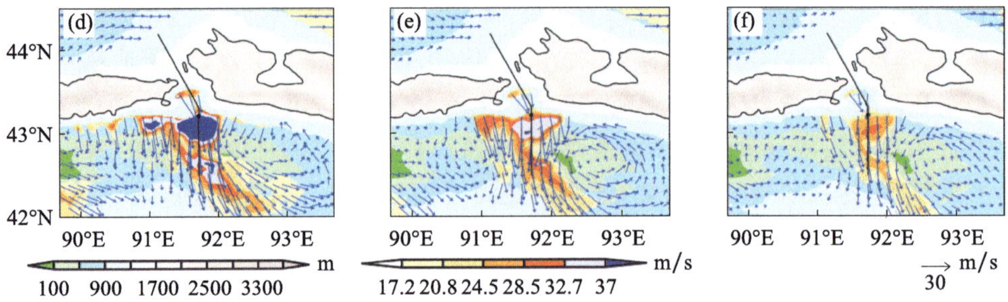

图 2.24　同 2.23，但风场为海拔 1000 m 高度

2.4.3.3　冷空气越山剖面分析

如图 2.23、2.24 所示，冷空气从天山北侧越山形成百里风区，气流的路径大致为自天山北侧沿西北偏北方向穿过色皮山口经七角井盆地后转向偏北运动，故选择此路径分析冷空气越山的剖面进行研究（图 2.20b 中蓝色折线，长度约 200 km）。气块在干绝热条件下的位温具有守恒性，因此，可以使用位温等值线来表征气块的运动轨迹及波动的空间形态。

图 2.25 为气压梯度作用下，气流沿图 2.20b 折线自北向南越山的位温、相对湿度剖面。为便于对比分析气压梯度的动力作用，同时给出了木垒与哈密气压差的廓线。图中相对湿度廓线提示空气处于未饱和状态，同时十三间房、哈密自动站未观测到降水，可以判定没有凝结潜热的释放，气流越山过程中处于准绝热状态，可以使用位温来表征气块的运动轨迹。

起风前期（图 2.25a）天山两侧气压差较小，其延伸高度约 1 km，等位温线相对稀疏且平直，背风坡上空无明显的下沉运动，没有出现 8 级以上大风区；7 日 08 时（图 2.25b）海平面气压差迅速增大到约 17 hPa，气压差顶高升至近 3 km，色皮山口以南开始出现 8 级以上大风区，等位温线曲率增大，其走向与地形高度基本平行，背风坡上空出现超过 2 m/s 的下沉运动，十三间房上空风力达 12 级；7 日 14 时（图 2.25c）海平面气压差达到最强盛阶段（24 hPa），顶高超过海拔 3 km，等位温线呈现更强的波动形态，2 m/s 的下沉运动继续维持，十三间房上空海拔约 1 km 高度有 13 级大风区，大风区走向与背风坡地形坡度一致，十三间房地面风力 11 级，其南侧大风区接地风力达 12 级；之后气压差逐渐变小，顶高同时降低，等位温线曲率下降，背风坡上空垂直运动减弱，低空风速逐渐减小。纵观气流越山剖面结构，可以发现此次百里风区大风过程为气流在天山两侧强气压梯度作用下，自山体北侧越山形成过山波，过山波在山体背风坡水跃下沉加速形成低空大风；同时，由于七角井盆地的存在（竖线 B 与 495 之间），气流在其上空出现二次抬升并下沉形成有限振幅重力波，低空大风区随波动的下沉运动接地形成地面大风。色皮山口的狭管效应对气流有一定的加速作用，但不及水跃下沉的加速作用明显。

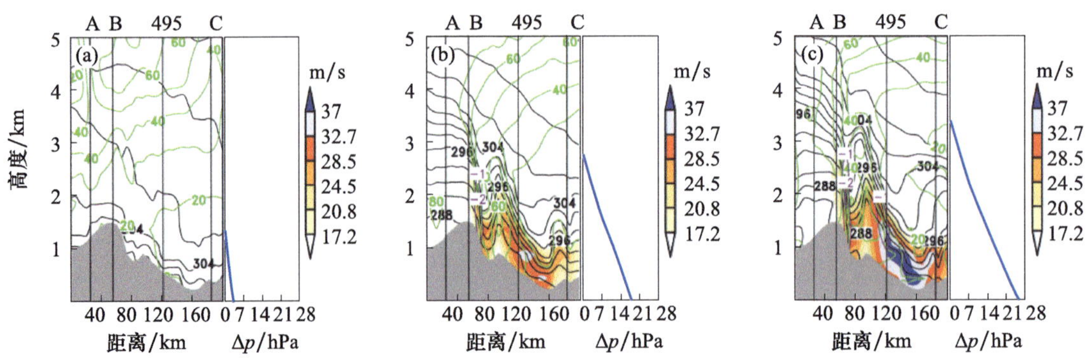

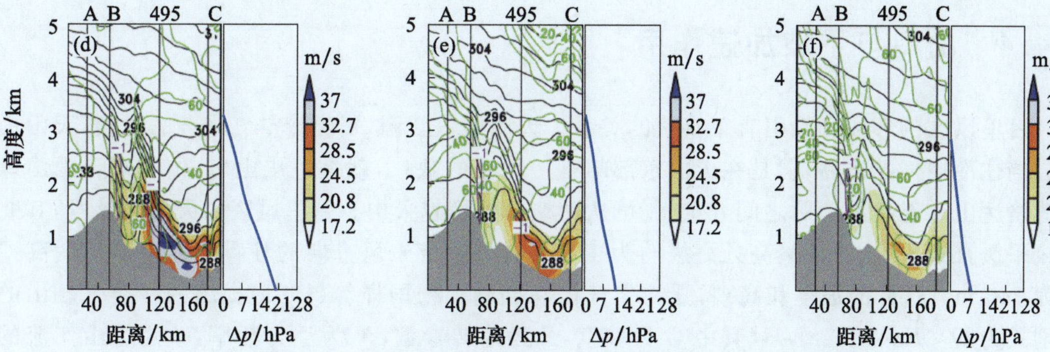

图 2.25 气流越山剖面与木垒、哈密气压差和相对湿度廓线

(a)7 日 02 时,(b)7 日 08 时,(c)7 日 14 时,(d)7 日 20 时,(e)8 日 02 时,(f)8 日 08 时

[位温(黑线,K),色阶(沿折线水平风速,m/s),垂直运动(紫线,m/s),地形(灰色),气压差高度廓线(蓝线,hPa),相对湿度(绿线,%),竖线 A、B、495、C 位置为图 2.20b 中相应点]

2.4.3.4 背风坡大气层结及临界层作用

过山波水跃下沉运动强度直接受背风坡低空大气层结稳定度影响,稳定层结的强度与水跃下沉的强度相对应。另外,风向切变的临界层将吸收上层能量向下传播增加低空大风的能量,以下讨论大风过程中的上述两种作用。

传统的研究使用逆温层表征层结稳定性,浮力频率可以给出更为精细的定量化描述,浮力频率值$>2\times10^{-4}\ s^{-2}$时认为大气为稳定层结,值越大层结越稳定。

图 2.26 为十三间房浮力频率、风向风速时间-高度。首先分析大气层结状态,起风前期大气中低层浮力频率不足 $1\times10^{-4}\ s^{-2}$,7 日 02 时起低空层结稳定度迅速增大,大值区高度大致在海拔 1.5 km,大风与浮力频率大值区相对应。继续讨论临界层作用,临界层是指水平风风向在垂直方向上切变的区域。可以发现 7 日 08—20 时约 2 km 高度出现风向切变的临界层,其上为偏东风,其下为偏北风或西北北风,临界层的作用表现为吸收其上部大气波动的能量并向下传递。十三间房上空存在显著的大气波动,其能量经临界层吸收并向下传递过程中,进一步加强了低空风速,使得大风区风速得以增大并维持。

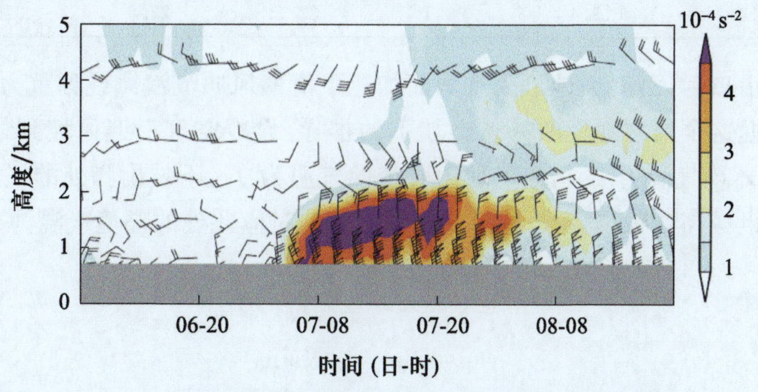

图 2.26 十三间房浮力频率、水平风速时间-高度剖面

[色阶:浮力频率($10^{-4}\ s^{-2}$),风羽:水平风]

2.4.4 山口与下坡加速作用

百里风区的形成和天山有很直接的关系。天山横亘新疆，每当冷空气来袭的时候，天山山脉会挡住冷空气的去路，但是在天山东部却有一段小的缺口，就是色皮山口，位于东天山山脉的博格达山与巴里坤山脉之间，冷空气可从此缺口处翻越天山。百里风区的天山山脉段，其北坡较平缓，山口中山脊的最高处海拔约为 1700 m，与上游来风方向的准噶尔盆地南沿的高差约为 700 m。这样的坡度和高差，强冷空气极易翻越。杨国祥等(1991)提出的冷空气翻山的判别式为 $Q<F/N, U>NH$(其中 Q 为坡度，F 为地转参数，N 为浮力频率，U 为越山气流的速度，H 为越山的高度)。在北坡 F/N 约为 0.01，NH 约为 7 m/s，在这个地方满足判据 $Q<F/N$，只要有 7 m/s 以上的风就不会被山脉阻滞，可以翻越过山。对于这个 700 m 高差的山口，冷空气是容易翻越的。

越山的气流进入山口后，会因地形的狭管效应而加速。对于百里风区这个山口，入口处谷宽约 60 km，最窄处谷宽约 45 km。入谷处的海拔约为 1000 m，最窄处海拔约为 1500 m，山谷两侧的山地海拔约为 2000 m。张家宝等(1986)给出估算方法，$U_2=U_1\cdot S_1/S_2+A\cdot(\mathrm{d}T/\mathrm{d}t)/(\sigma S_2)$，其中，$U_1$ 为气流刚进山口的风速，U_2 为气流进入山谷的风速，S_1 为对应 U_1 的横截面面积，S_2 为对应 U_2 的横截面面积，A 为从 S_1 截面到 S_2 截面间水平截面面积，σ 是静力稳定度，$\mathrm{d}T/\mathrm{d}t$ 是气流运动过程中气流气温随时间的微商。由于百里风区这个山口的地形很特殊：一是这个山口的入口处截面较宽；二是从入口处到最窄处海拔高度一直上升；三是入口处山谷两侧山顶高度比最窄处山顶高度要低。因此，在推算 S_1、S_2 时对估算方法略作修改，对于此处可用下式：

$$U_2=1.86U_1-2.2 \tag{2.1}$$

式中，U_1 是入口处风速，U_2 是最窄处风速。对于这个山谷，从入谷到出谷海拔高度是一直上升的，由于空气被迫抬升而绝热降温，所以第二项为负。潘新民等(2012)给出了狭管效应对应关系，见表 2.3。由表 2.3 可知，越山气流由于狭管效应风速得到显著加大。

表 2.3 狭管效应风速对应关系

U_1	8	10	12	14	16	18	20
U_2	12.7	16.4	20.1	23.8	27.6	31.3	35.0

冷空气越过山口后，沿斜坡地形因重力而加速下滑的风叫流泄风或称重力流，是势能转化为动能的过程。根据这个地方地形的特点做如下的推导：设冷空气沿迎风坡到最高处气团的气温为 T_{dL}，最高处的环境气温为 T_{dH}，迎风坡山脚处的气温为 T_1，下坡山脚处的气温为 T_2，冷空气翻山后沿山坡下滑距最高处距离 X 处气团的气温为 T_L，对应此处的环境气温为 T_H，可有下式：

$$T_{dL}=T_1-\gamma_{\mathrm{d}}H_1 \tag{2.2}$$

$$T_{dH}=T_2-\gamma H_2 \tag{2.3}$$

$$T_L=T_{dL}+\gamma_{\mathrm{d}}X\sin\alpha \tag{2.4}$$

$$T_H=T_{dH}+\gamma X\sin\alpha \tag{2.5}$$

式中，γ_{d} 为干绝热垂直递减率，γ 为环境气温垂直递减率，H_1 为迎风坡山脚到最高处的垂直高度，H_2 为下坡山脚到最高处的垂直高度，X 轴以最高处定为原点，沿风向向下坡方向。α 为下坡的坡度角。对于上面所说的地形特点，$H_2>H_1$。据流泄风理论：

$$U\frac{\partial U}{\partial X}=g\frac{(\theta_H-\theta_L)}{\overline{\theta}}\sin\alpha \tag{2.6}$$

先将式(2.1)、(2.2)代入式(2.3)、(2.4)得：

$$T_H-T_L=T_2-T_1-(\gamma-\gamma_d)H_1+(\gamma-\gamma_d)X\sin\alpha-\gamma\Delta H \tag{2.7}$$

式中，$\Delta H=H_2-H_1$。

因
$$\frac{(\theta_H-\theta_L)}{\overline{\theta}}=\frac{(T_H-T_L)}{\overline{T}} \tag{2.8}$$

式中，$\overline{\theta}$ 与 $/\overline{T}$ 分别为从山脚到最高处的环境平均位温和气温。将式(2.7)代入式(2.8)后再代入式(2.6)，得：

$$U\frac{\partial U}{\partial X}=\frac{g}{T}[\Delta T-(\gamma-\gamma_d)(H_1-x\sin\alpha)-\gamma\Delta H_2]\sin\alpha \tag{2.9}$$

对式(2.9)从 $X=0$ 到 $X=L$ 积分，并用 $L\sin\alpha=H_2$ 代换整理得：

$$U_j^2=U_d^2+2gH_2\frac{\Delta T}{\overline{T}}-2gH_1H_2\frac{\gamma-\gamma_d}{\overline{T}}+gH_2^2\frac{(\gamma-\gamma_d)}{\overline{T}}-2gH_2\Delta H\frac{\gamma}{\overline{T}} \tag{2.10}$$

式中，$\Delta T=(T_2-T_1)$；U_j 是下滑至山脚处的风速；U_d 是越山气流在山口最高处的风速；g 为重力加速度；γ_d 为干绝热垂直递减率；γ 为气温垂直递减率；ΔT 为南北坡山脚处测站气温差；$\overline{T}$ 为山脚处与山口最高处的平均绝对气温。取 $\overline{T}=280$ K，$\gamma=0.6$ ℃/100 m，$\gamma_d=0.976$ ℃/100 m。$H_1=600$ m，由于这个山口南坡坡度比北坡大，到十三间房车站高差约 900 m，$H_2=900$ m。根据式(2.3)，给出不同的 ΔT 和 U_d 可对 U_j 进行估算。估算结果见表 2.4。

最左列为温差(ΔT)，最上行为风速(U_d)。考虑到是冷空气入侵过程，再者加上南、北坡山脚处的垂直落差 300 m 的地形，$\Delta T\geqslant5$ ℃。另外，考虑到翻越山口的气流因狭管效应得到加速，$U_d\geqslant10$ m/s。对应表 2.4 中的数字是气流到达南坡山脚处的风速 U_j。由表 2.4 可以看出，ΔT 越大，流洩风的风速越大。

表 2.4 下坡流洩风风速与坡顶风速、迎风坡底与背风坡底温差对应关系

温差(℃)	风速(m/s)											
	10	12	14	16	18	20	22	24	26	28	30	32
5	18.4	19.5	20.8	22.2	23.7	25.2	26.9	28.5	30.2	32.0	33.7	35.5
6	20.0	21.1	22.3	23.6	25.0	26.5	28.0	29.6	31.2	32.9	34.6	36.4
7	21.5	22.5	23.6	24.9	26.2	27.6	29.1	30.6	32.2	33.9	35.5	37.2
8	22.9	23.9	24.9	26.1	27.4	28.7	30.2	31.7	33.2	34.8	36.4	38.1
9	24.3	25.2	26.2	27.3	28.5	29.8	31.2	32.6	34.1	35.7	37.3	38.9
10	25.5	26.4	27.3	28.4	29.6	30.9	32.2	33.6	35.0	36.6	38.1	39.7
11	26.7	27.6	28.5	29.5	30.6	31.9	33.2	34.5	35.9	37.4	38.9	40.5
12	27.9	28.7	29.6	30.6	31.7	32.8	34.1	35.4	36.8	38.2	39.7	41.3

2.4.5 结论

北方冷空气东移南下过程中受天山大地形阻挡，在天山北侧形成深厚堆积，与此同时，塔里木盆地热低压发展，天山两侧强气压梯度推动冷空气翻越东天山色皮山口，在狭管效应和下坡风机制(流洩风)的作用下,形成百里风区大风。

(1)色皮山口的狭管加速和下坡过程中势能转为动能的接力加速,是百里风区大风的主要成因。

(2)冷空气在翻越色皮山口过程中受地形的强迫抬升产生大振幅重力波,背风坡的双山脊地形加剧了背风波接地及重力波破碎湍流能量下传,从而形成地面下坡风暴。

2.5 本章小结

天气尺度系统和天山大地形交互作用形成天山两侧强气压梯度的背景下,中天山峡谷及东天山山口的局地地形触发乌鲁木齐市东南大风、吐鲁番盆地西北大风、百里风区偏北大风。上述大风具备下坡风暴特征,冷空气在越山过程中受地形的强迫抬升产生大振幅重力波,并在背风坡形成背风波水跃接地。

地形作用中峡谷或山口对气流存在狭管加速作用,其中峡谷的加速作用更加显著,非对称地形、背风坡双山脊对地面下坡风暴的形成有重要作用。

对流层低层层结作用中,迎风坡低层不稳定层结,背风坡稳定层结增强了气流越山和下沉,对下坡风暴有增强作用。

第 3 章

区域模式 10 m 风预报检验评估

新疆气象部门基于 WRF 模式建立了高分辨率区域数值天气预报模式及数据同化系统，先后实现 9 km 和 3 km 网格分辨率覆盖全疆，同化了常规地面、高空、加密测站数据以及卫星、雷达等特种观测资料，进行了模式物理过程遴选工作，模式输出要素包括地面气温、降水、10 m 风、湿度、气压，高空温度、风、位势高度、湿度以及多种其他物理量。

本章对 10 m 风的预报能力进行检验评估。

3.1 检验标准

为规范本研究中数值预报模式输出的风预报检验，参考《风预报检验方法》(中华人民共和国气象行业标准 QX/T 229－2014)、《城镇气象要素预报的风预报质量检验办法》(气预函〔2014〕91 号)、《天气预报术语》(新疆维吾尔自治区地方标准 DB65/T 2990－2009)，制定本研究所使用的风预报检验方法。

3.1.1 检验对象

数值预报模式输出的以 m/s 为单位的 10 m 风速预报和以度为单位的 10 m 风向预报。

3.1.2 检验要素

分别对风向、风速预报进行检验，并对风预报进行综合检验。

对风向预报的检验，主要计算风向预报准确率、风向预报平均偏差、风向预报评分。

对风速预报的检验，主要计算风速预报准确率、预报偏强率、预报偏弱率、预报评分以及表示风预报误差的平均绝对误差、均方根误差、平均误差、风速预报相关系数，并做风预报综合检验。

3.1.3 检验方法

3.1.3.1 风向预报检验

风向预报按 8 方位划分进行检验。

风向预报准确率为风向预报正确次数与风向预报总次数的比。预报风向角度与实况风向角度差±22.5°内，则为风向预报正确。风向预报准确率检验公式如下：

$$AC_d = \frac{NR_d}{NF_d} \times 100\% \tag{3.1}$$

式中，NR_d为风向预报正确次数；NF_d为风向预报总次数。

风向预报平均偏差为预报风向与实况风向间的角度偏差绝对值的平均值，检验公式如下：

$$DC_s = \frac{1}{NF_d}\sum_{i=1}^{NF_d}[\min(|F_{d,i} - O_{d,i}|, 360 - |F_{d,i} - O_{d,i}|)] \tag{3.2}$$

式中，DC_s为风向预报平均误差，NF_d为风向预报总次数，i 为风速预报次标，$F_{d,i}$ 第 i 次风向预报值；$O_{d,i}$ 第 i 次风向实况值。

风向预报评分：

$$SC_d = \frac{\sum SC_{di}}{NF} \times 100\% \tag{3.3}$$

式中，SC_{di}为第 i 个次风向预报得分，NF 为预报总次数。

$$SC_{di} = \begin{cases} 1.0 & E_{d,i} \leqslant 22.5 \\ 0.6 & 22.5 < E_{d,i} \leqslant 45 \\ 0.0 & E_{d,i} > 45 \end{cases} \tag{3.4}$$

$$E_{d,i} = \min(|F_{d,i} - O_{d,i}|, 360 - |F_{d,i} - O_{d,i}|) \tag{3.5}$$

式中，$F_{d,i}$ 第 i 次风向预报值；$O_{d,i}$ 第 i 次风向实况值。

3.1.3.2 风速预报检验

将数值预报输出的以 m/s 为单位的风速转换为蒲氏风力等级后进行检验，风力等级划分标准见表 3.1。

风速预报准确率为风力等级预报正确次数与风力等级预报总次数的比。预报风力与实况风力在同一检验等级，则为风速预报正确。风速预报准确率检验公式如下：

$$AC_{f,k} = \frac{NR_{f,k}}{NF_{f,k}} \times 100\% \tag{3.6}$$

式中，$AC_{f,k}$为风速预报准确率，下角标 k 为规定的某个风力检验等级标识；$NR_{f,k}$为风力等级预报正确次数；$NF_{f,k}$为风力等级预报总次数。

风速预报偏强率为风力等级预报偏强次数与风力等级预报总次数的比。预报风力所在的检验等级大于实况风力所在的检验等级，则为风力等级预报偏强。风速预报偏强率检验公式如下：

$$FS_{f,k} = \frac{NS_{f,k}}{NF_{f,k}} \times 100\% \tag{3.7}$$

式中，$FS_{f,k}$为风速预报偏强率，下角标 k 为规定的某个风力检验等级标识；$NS_{f,k}$为风力等级预报偏强次数；$NF_{f,k}$为风力等级预报总次数。

风速预报偏弱率为风力等级预报偏弱次数与风力等级预报总次数的比。预报风力所在的检验等级小于实况风力所在的检验等级，则为风速预报偏弱，风速预报偏弱率检验公式如下：

$$FW_{f,k} = \frac{NW_{f,k}}{NF_{f,k}} \times 100\% \tag{3.8}$$

式中，$FW_{f,k}$为风速预报偏弱率，下角标 k 为规定的某个风力检验等级标识；$NW_{f,k}$为风力等级预报偏弱站次数；$NF_{f,k}$为风力等级预报总次数。

表3.1 风力等级划分表

风力(级)	风速(m/s)
0	0.0～0.2
1	0.3～1.5
2	1.6～3.3
3	3.4～5.4
4	5.5～7.9
5	8.0～10.7
6	10.8～13.8
7	13.9～17.1
8	17.2～20.7
9	20.8～24.4
10	24.5～28.4
11	28.5～32.6
12	32.7～36.9
13	37.0～41.4
14	41.5～46.1
15	46.2～50.9
16	51.0～56.0
17	≥56.1

注:引自GB/T 28591—2012第3.2条。

风速预报评分:

$$SC_s = \frac{\sum SC_{si}}{NF} \times 100\% \tag{3.9}$$

式中,SC_{si}为第i个站风速预报得分;NF为预报总次数。SC_{si}得分计算见风速预报评分对照表(表3.2)。

3.1.3.3 风速预报误差

风速预报误差检验包括平均绝对误差、均方根误差、平均误差。

平均绝对误差为预报风速与实况风速之差绝对值的平均值,检验公式如下:

$$MAE_s = \frac{1}{NF_s}\sum_{i=1}^{NF_s} |F_{s,i} - O_{s,i}| \tag{3.10}$$

式中,MAE_s为风速预报平均绝对误差;NF_s为风速预报总次数;i为风速预报次标识;$F_{s,i}$为第i次风速预报值;$O_{s,i}$为第i次风速实况值。

均方根误差为预报风速与实况风速之差的平方和与风速预报总次数比值的平方根,检验公式如下:

$$RMSE_s = \sqrt{\frac{1}{NF_s}\sum_{i=1}^{NF_s} (F_{s,i} - O_{s,i})^2} \tag{3.11}$$

式中,$RMSE_s$为风速预报均方根误差;NF_s为风速预报总次数,i为风速预报次标识;$F_{s,i}$为第i

次风速预报值；$O_{s,i}$为第 i 次风速实况值。

表 3.2　风速预报评分对照表

实况风力	实况风速（m/s）	预报风力									
		≤3	3～4	4～5	5～6	6～7	7～8	8～9	9～10	10～11	11～12
0	0.0～0.2	1	0	0	0	0	0	0	0	0	0
1	0.3～0.8	1	0	0	0	0	0	0	0	0	0
	0.9～1.5	1	0	0	0	0	0	0	0	0	0
2	1.6～2.4	1	0.6	0	0	0	0	0	0	0	0
	2.5～3.3	1	0.8	0	0	0	0	0	0	0	0
3	3.4～4.3	1	1	0.6	0	0	0	0	0	0	0
	4.4～5.4	1	1	0.8	0	0	0	0		0	0
4	5.5～6.6	0.8	1	1	0.6	0	0	0	0	0	0
	6.7～7.9	0.6	1	1	0.8	0	0	0	0	0	0
5	8.0～9.3	0	0.8	1	1	0.6	0	0	0	0	0
	9.4～10.7	0	0.6	1	1	0.8	0	0	0	0	0
6	10.8～12.2	0	0	0.8	1	1	0.6	0	0	0	0
	12.3～13.8	0	0	0.6	1	1	0.8	0	0	0	0
7	13.9～15.4	0	0	0	0.8	1	1	0.6	0	0	0
	15.5～17.1	0	0	0	0.6	1	1	0.8	0	0	0
8	17.2～18.9	0	0	0	0	0.8	1	1	0.6	0	0
	19.0～20.7	0	0	0	0	0.6	1	1	0.8	0	0
9	20.8～22.5	0	0	0	0	0	0.8	1	1	0.6	0
	22.6～24.4	0	0	0	0	0	0.6	1	1	0.8	0
10	24.5～26.4	0	0	0	0	0	0	0.8	1	1	0.6
	26.5～28.4	0	0	0	0	0	0	0.6	1	1	0.8
11	28.5～30.5	0	0	0	0	0	0	0	0.8	1	1
	30.6～32.6	0	0	0	0	0	0	0	0.6	1	1
12	32.7～34.7	0	0	0	0	0	0	0	0	0.8	1
	34.8～36.9	0	0	0	0	0	0	0	0	0.6	1
	≥37.0	0	0	0	0	0	0	0	0	0	1

平均误差为预报风速与实况风速之差的平均值，检验公式如下：

$$\mathrm{ME}_s = \frac{1}{\mathrm{NF}_s}\sum_{i=1}^{\mathrm{NF}_s}(F_{s,i} - O_{s,i}) \tag{3.12}$$

式中，ME_s为风速预报平均误差；NF_s为风速预报总次数，i 为风速预报次标识；$F_{s,i}$为第 i 次风速预报值；$O_{s,i}$为第 i 次风速实况值。

3.1.3.4　风速预报相关检验

风速预报相关检验为特定的站点在某一个时段内的预报风速与实况风速两个序列的相关

程度即相关系数，检验公式如下：

$$r_s = \frac{\sum_{i=1}^{NF_s}(F_{s,i}-\overline{F_s})\cdot(O_{s,i}-\overline{O_s})}{\sqrt{\sum_{i=1}^{NF_s}(F_{s,i}-\overline{F_s})^2\cdot\sum_{i=1}^{NF_s}(O_{s,i}-\overline{O_s})^2}} \tag{3.13}$$

式中，r_s为站点风速预报相关系数；NF_s为风速预报总次数，i为风速预报次数标识；$F_{s,i}$为第i次风速预报值；$O_{s,i}$为第i次风速实况值。

3.1.3.5 风预报综合检验

风预报综合检验为风向、风力同时检验，用准确率表示。风预报正确率为风预报正确次数与风预报总次数的比。风向预报正确且预报风力和实况风力在同一检验等级，则为风预报正确。风预报准确率检验公式如下：

$$AC_{w,k} = \frac{NR_{w,k}}{NF_{w,k}} \tag{3.14}$$

式中，$AC_{w,k}$为风预报准确率；$NR_{w,k}$为风预报正确站(次)数；$NF_{w,k}$为风预报总站(次)数。

3.2 资料与方法

3.2.1 插值方法

数值预报输出的产品为格点值，需要将均匀格点场预报插值到离散气象站点上，输出站点预报后方能与站点实况观测进行对比检验。气象部门应用较多的有双线法、距离平方倒数法等插值方法，本研究选取双线性插值法。双线性插法即用观测站周围4个格点值先在纬(经)向、后在经(纬)向进行一元一次线性插值方式进行取值(张超 等，2015，龙柯吉 等，2019)。

站点检验结果进行等值线分析时需要将站点值插值到均匀的格点场，本研究采用Cressman方案将离散站点值插值到均匀格点场。Cressman客观分析方法的优点是能将离散点内插到规则均匀格点上，且所造成的误差较小(张红杰 等，2009)。该方法是由Cressman(1959)提出，并被广泛应用于各种气候诊断分析和数值模式的模拟检验中。其基本原理是先给定一假定初始场，然后用实际观测场对给定的初始场进行逐步修正，直到订正后的值逼近观测值。计算如下：

$$a' = a_0 + \Delta a_{ij} \tag{3.15}$$

其中

$$\Delta a_{ij} = \frac{\sum_{k=1}^{K}(W_{ijk}^2\Delta a_k)}{\sum_{k=1}^{K}W_{ijk}} \tag{3.16}$$

式中，a是任意气象要素(如压、温、风和湿度等)；a_0是要素a在格点(i,j)上的假定初值；a'是要素a在格点(i,j)的修正值；Δa_k是观测站k上的观测值与假定初值之差；W_{ijk}是权重因子，取值为0.0～1.0；K是影响半径R内的台站数。其中，权重因子W_{ijk}的确定，其形式如下：

$$W_{ijk}=\begin{cases}\dfrac{R^2-d_{ijk}^2}{R^2+d_{ijk}^2} & d_{ijk}<R\\ 0 & d_{ijk}\geqslant R\end{cases}\tag{3.17}$$

通常影响半径 R 的选取具有一定的人为因素，一般取某一常数。R 选取的原则是由近到远进行扫描计算，常用的几个扫描半径分别为 1、2、4、7 和 10 个 5 网格距，d_{ijk} 是格点(i ,j)到观测站 k 的距离。

3.2.2 检验内容

分别进行个例检验和连续时段检验。

个例检验选取 2015—2017 年 18 场典型大风天气过程(见表 3.3)，连续时段检验针对新疆大风频发的春季，选取 2017 年 4 月为代表进行对比检验，分别进行 9 km、3 km 模式 10 m 风 48 h 内逐小时预报结果检验，取检验要素的站点平均并进行相应的对比，分析 3 km 模式预报性能的提高和改进情况。检验站点为新疆 105 个国家级气象站，检验要素为 3.1 节所列要素。

表 3.3 典型大风天气过程列表

序号	起止时间	过程简述
1	2015 年 3 月 11—13 日	北疆大部分地区、天山山区出现微到小雪，其中伊犁河谷、塔城北部、北疆沿天山一带、天山山区的部分地区为中到大雪，上述地区有 4～5 级西北风，风口风力 8 级，三十里、百里风区瞬间最大风力 10 级，气温下降 5～8 ℃；喀什、克州、阿克苏等出现 4～5 级西北风，阿克苏、巴州、哈密等地的部分地区出现扬沙，阿瓦提、阿拉尔、轮台、尉犁出现沙尘暴
2	2015 年 3 月 30 日—4 月 4 日	北疆各地、天山山区和巴州、哈密大部分地区及阿克苏、吐鄯托盆地、喀什等地的局部出现小到中雨或雨转雪，其中伊犁河谷、博州、阿勒泰、北疆沿天山一带大部分地区和塔城、哈密局部出现大到暴雪，上述大部分地区降温 8～10 ℃，局部降温 10～16 ℃，并伴有 4～5 级西北风，风口风力 10～12 级，阿克苏、巴州大部分地区出现扬沙或沙尘暴
3	2015 年 4 月 14—17 日	北疆大部分地区、天山山区和南疆西部山区、巴州、哈密等地的部分地区及和田局部出现小到中雨(山区雨转雪)，其中伊犁河谷、北疆沿天山一带、天山山区和博州、哈密北部、巴州等地的局部地区出现暴雨或雪，上述地区出现 4～5 级西北风，风口风力 8 级左右，三十里、百里风区风力 10～11 级，南疆盆地大部分地区出现扬沙，和田、巴州、阿克苏局部出现沙尘暴，轮台为强沙尘暴
4	2015 年 4 月 26—29 日	伊犁河谷、博州和塔城北部、阿勒泰北部、天山山区的部分地区出现小到中雨，北疆大部分地区出现 5～6 级西北风，风口瞬间最大风力达 11 级。北疆大部分地区、南疆盆地大部分地区出现浮尘或扬沙天气，其中和田、阿克苏、巴州的部分地区和塔城南部、昌吉回族自治州(简称昌吉州)东部局部地区出现沙尘暴或强沙尘暴
5	2015 年 5 月 17—21 日	北疆各地、天山山区、阿克苏、哈密和南疆西部、吐鄯托盆地、巴州等地的部分地区出现小到中雨，其中伊犁河谷、博州、北疆沿天山一带、天山山区、巴州北部等地的部分地区及塔城、哈密、阿克苏、克州等地的局部出现大到暴雨，天山山区局部为大暴雨，上述地区出现 4～5 级西北风，十三间房最大风力 9 级，南疆盆地部分地区出现扬沙或沙尘暴
6	2015 年 12 月 9—13 日	北疆大部分地区、天山山区和阿克苏、巴州、和田等地的大部分地区及喀什、克州、哈密等地的局部地区出现小到中雪，其中北疆沿天山一带、天山山区和伊犁河谷、博州大部分地区及阿克苏、巴州的部分地区出现大到暴雪，乌鲁木齐和米东为大暴雪，北疆、东疆风口出现 9 级左右西北风，全疆大部分地区降温 5～8 ℃，北疆局部超过 12 ℃

续表

序号	起止时间	过程简述
7	2016年2月9—11日	北疆大部分地区和伊吾为小雪，其中北疆沿天山一带以及裕民、阿拉山口、哈巴河中雪，伊犁河谷大部分地区为大雪；北疆大部分地区降温超过5 ℃，北疆北部降温超过10 ℃；北疆大部分地区西北风5～6级，东疆风口10～11级偏北风
8	2016年3月2—4日	北疆大部分地区、天山山区、哈密北部出现小雪，其中北疆沿天山一带、天山山区为中到大雪，局部暴雪，北疆、东疆、巴州北部有5级左右西北风，三十里、百里风区瞬间最大风力12级，上述大部分地区过程降温5 ℃以上，局地达14 ℃。东疆、南疆盆地出现沙尘暴或扬沙
9	2016年4月9—11日	北疆各地、天山山区、哈密北部和南疆西部、巴州北部、吐鄯托盆地的局部地区出现小雨（山区为雨夹雪），其中塔城北部、阿勒泰北部、天山山区、南疆西部山区局部出现中雨或雪；上述区域大部分地区伴有5级左右西北风，北疆风口风力7级、东疆9级，沿天山、吐鄯托盆地局部出现扬沙；南疆盆地4～5级偏东风，莎车、民丰、且末出现沙尘暴
10	2016年4月28日—5月1日	北疆各地和天山山区、哈密大部分地区出现小到中雨，其中伊犁河谷、塔城、北疆沿天山一带的大部分区域和天山山区部分地区出现大到暴雨。上述地区大部分区域伴有5级左右西北风，东疆风口风力11级；南疆盆地大部分区域出现沙尘天气，阿克苏、巴州的部分和和田的局部地区出现沙尘暴
11	2016年5月8—12日	北疆各地、天山山区、哈密以及巴州、南疆西部、阿克苏等地的部分地区出现小雨，其中伊犁河谷东南部、博州、塔城、北疆沿天山一带、天山山区、南疆西部山区等地出现中到大雨，额敏、小渠子、牧试站、阿合奇暴雨，吐尔尕特暴雪。上述地区大部分区域有4～5级西北风，南疆盆地4～5级偏东风，东疆风口风力9级；吐鄯托盆地、南疆盆地大部分区域出现沙尘天气，其中民丰、铁干里克、塔中、策勒、且末、若羌出现强沙尘暴。乌鲁木齐出现东南大风，最大风力8级
12	2016年7月14—16日	北疆大部分地区、天山山区、南疆西部山区和阿克苏、和田、巴州北部、哈密的局部出现小到中雨，其中伊犁河谷、博州、塔城北部的部分地区和天山山区出现大雨、局地暴雨，上述地区有4～5级西北风，风口风力8级左右。阿克达拉出现冰雹；若羌、策勒有强沙尘暴
13	2017年4月3—5日	北疆各地，哈密北部和南疆西部山区出现雨转雨夹雪或雪，其中伊犁河谷、博州、塔城、阿勒泰东部、北疆沿天山一带、天山山区等地部分地区为中到大雨或雨夹雪，局部达暴量；上述部分地区出现4～5级西北风，风口风力达8～11级；塔里木盆地中东部有4～5级偏东风，阿克苏、和田、巴州南部出现扬沙或沙尘暴
14	2017年4月13—15日	北疆大部分地区、天山山区和阿克苏、巴州、哈密、南疆西部山区等地的部分地区出现小雨（山区为雪），伊犁河谷、塔城北部、北疆沿天山一带、天山山区、巴州和哈密的部分地区中到大雨，伊犁河谷、天山山区局部暴雨。上述大部分地区有5～6级西北风，风口风力8～9级，喀什达31.7 m/s，喀什、和田、巴州南部出现沙尘天气，喀什、莎车、洛浦为强沙尘暴。乌鲁木齐14日傍晚出现两次雷暴并伴有冰雹
15	2017年4月28日—5月3日	北疆各地、天山山区和阿克苏、巴州、哈密大部分地区及喀什、克州、吐鄯托盆地的局部地区出现小到中量的雨或雪，其中伊犁河谷、北疆沿天山一带、天山山区、阿克苏、巴州北部、哈密北部等地的部分地区达大到暴雨，山区为暴雪。南疆盆地大部分地区和北疆沿天山一带、吐鄯托盆地、哈密的局部出现扬沙或沙尘暴
16	2017年5月30—31日	北疆大部分地区、天山山区、阿克苏北部和哈密、南疆西部山区等地的局部出现降水，其中伊犁河谷、阿勒泰、天山山区、昌吉州东部的局部中到大雨，山区局部暴雨。上述地区大部分区域和南疆西部普遍伴有5级左右西北风，风口风力8～9级，沿天山一带及南疆塔里木盆地的部分地区出现扬沙或沙尘暴，墨玉、洛浦、莎车出现强沙尘暴，最低能见度不足200 m
17	2017年6月6—9日	全疆大部分地区出现小雨，其中北疆大部分地区、哈密北部和阿克苏、巴州、和田等地的部分地区有中到大雨，伊犁河谷、阿勒泰东部、天山山区等地的部分地区降暴雨到大暴雨。上述地区普遍出现6级左右西北风，风口风力10级左右；莫索湾、柯坪、库尔勒、且末、塔中、民丰、托克逊、库米什、东坎出现扬沙，若羌、铁干里克出现沙尘暴；阿瓦提出现直径34 mm冰雹
18	2017年9月23—25日	阿勒泰、北疆沿天山一带、天山山区和伊犁河谷、塔城北部、哈密等地的部分出现小雨，其中伊犁河谷、塔城、阿勒泰等地的局部地区出现中到大雨（山区为雨夹雪或雪）。上述地区普遍伴有4～5级西北风，风口最大风力10～11级，塔中、十三间房等地出现扬沙。北疆大部分地区普遍降温8～10 ℃，出现寒潮、霜冻

3.3 检验结果分析

3.3.1 个例检验

3.3.1.1 风速预报相关系数及误差对比检验

首先分析参与检验的所有个例站点风速相关系数、平均误差、平均绝对误差、均方根误差的平均值。分别分析 9 km、3 km 模式的检验结果，并比较两者的差异。

图 3.1 为 9 km 模式的检验结果。相关系数显示(图 3.1a)：9 km 模式在北疆、东疆、南疆东部预报与实况的拟合较好，而天山山区、南疆西部相关程度不高。参与检验的 105 个站中约 32%的站相关系数平均值通过 $\alpha=0.05$ 的显著性检验。平均误差(图 3.1b)表明北疆误差较南疆小，两者均以正误差为主，预报存在偏大趋势，东疆误差较大，且以预报偏弱为主。平均绝对误差、均方根误差图(图 3.1c、d)上，北疆、东疆、南疆西部山区存在显著大值区，其位置与第 1 章所指出的新疆风速大值区较为一致，说明模式在风口地区的预报偏差较为发散，全疆各站 9 km 模式预报平均误差、平均绝对误差、均方根误差的平均值分别为 1.8、2.6、3.1 m/s。

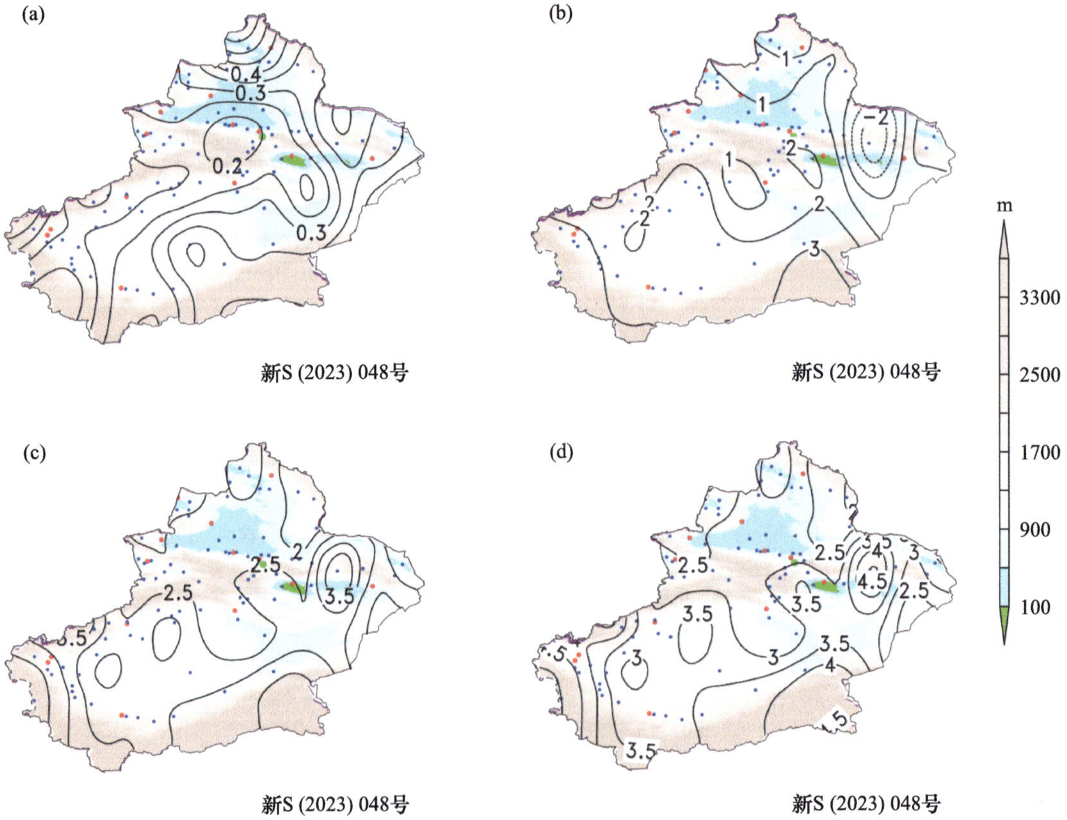

图 3.1　9 km 模式个例风速检验结果平均值

(a)相关系数；(b)平均误差(m/s)；(c)平均绝对误差(m/s)；(d)均方根误差(m/s)

图 3.2 为 3 km 模式检验结果。预报与实况相关系数(图 3.2a)在北疆、东疆、南疆东部较高，天山山区、南疆西部相关系数略小，但总体较 9 km 模式提高明显，全疆约 74%的站相关系统平均值通过 $\alpha=0.05$ 的显著性检验。平均误差显示(图 3.2b)：北疆北部、东疆为负误差，表明预报总体偏小。平均绝对误差、均方根误差(图 3.2c、d)与 9 km 类似，在北疆、东疆风口区域存在偏差大值区，全疆各站 3 km 模式预报平均误差、平均绝对误差、均方根误差的平均值为 0.2、1.6、1.9 m/s。

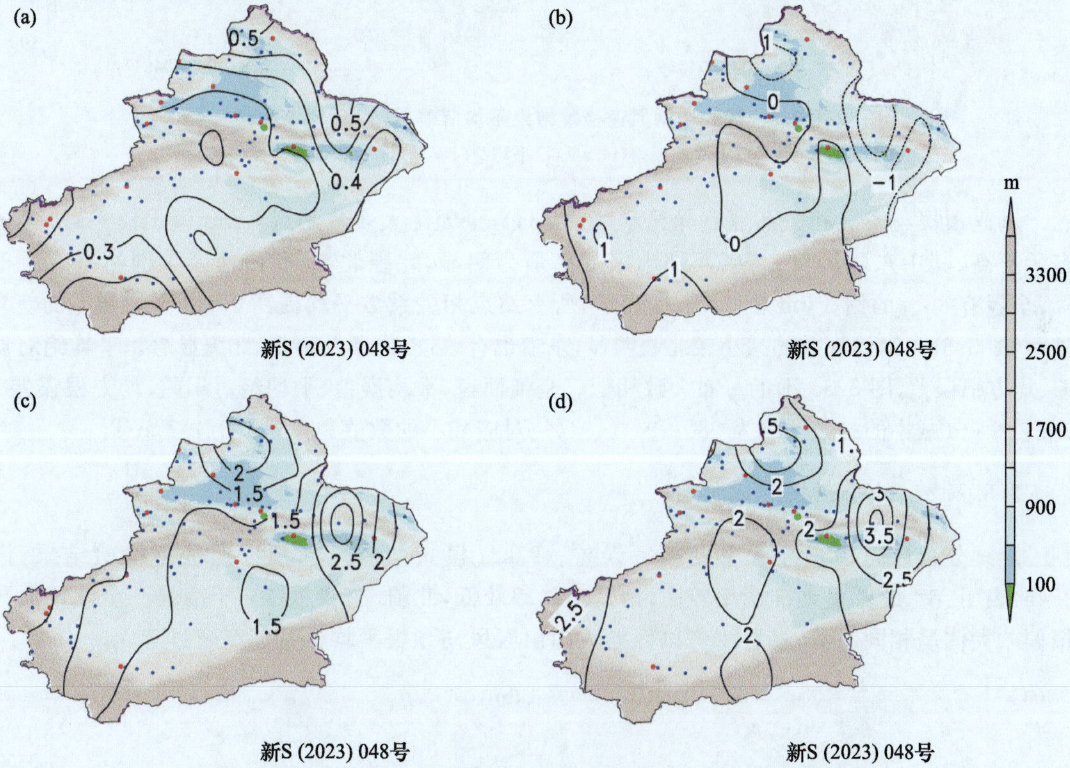

图 3.2　3 km 模式个例风速检验结果平均值

(a)相关系数；(b)平均误差(m/s)；(c)平均绝对误差(m/s)；(d)均方根误差(m/s)

为进一步了解 3 km 模式相对 9 km 模式的提高，计算了其站点检验相关系数、平均误差、平均绝对误差、均方根误差与 9 km 模式相应要素的差(图 3.3)。

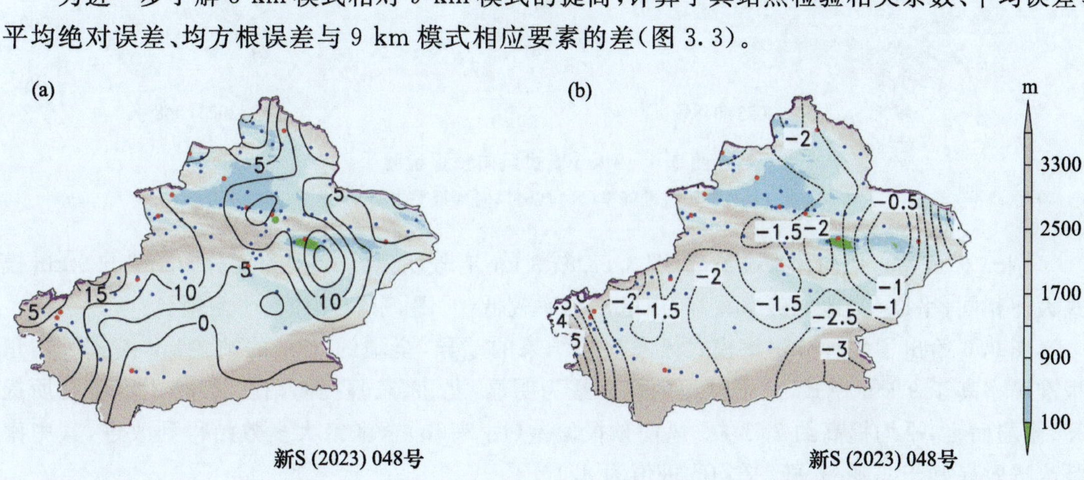

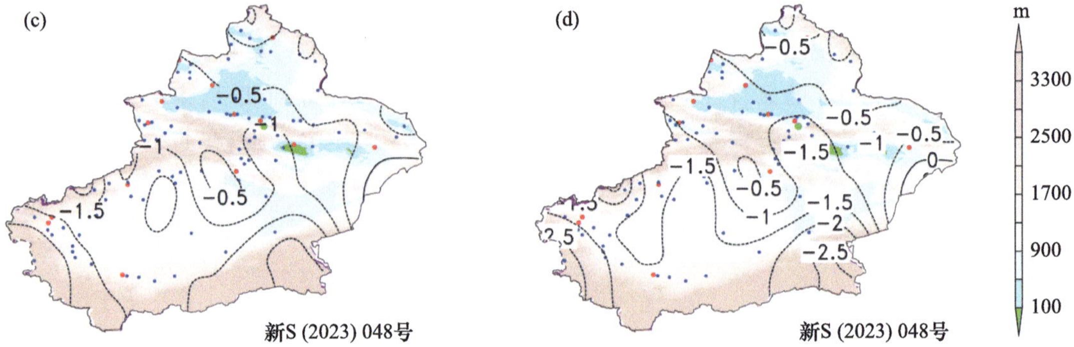

图 3.3 模式个例风速检验结果平均值差异(3 km 减 9 km)

(a)相关系数×100;(b)平均误差(m/s);(c)平均绝对误差(m/s);(d)均方根误差(m/s)

风速预报与实况相关系数差异显示(图 3.3a),全疆绝大多数站点 3 km 模式较 9 km 模式有所提高,其中东疆风口、南疆西部山区提高最为明显,北疆北部、和田地区个别站点有所下降,全疆有 85%的站 3 km 较 9 km 提高了,所有站点相关系数平均提高 0.1。平均误差的差异显示(图 3.3b):南疆误差的减小较北疆明显,东疆也有改进,但不及南疆、北疆显著。平均绝对误差、均方根误差(图 3.3c、d)的分布大致相似。全疆而言,平均误差、平均绝对误差、均方根误差 3 km 较 9 km 减小的站数比例为 98%、94%、94%,对应减小的数值为 1.6、1.0、1.2 m/s。

3.3.1.2 风向预报对比检验

继续分析风向预报准确率及预报误差。9 km 模式站点风向预报准确率检验结果(图 3.4a)表明:南、北疆盆地准确率较高,山区准确率较低,北疆、东疆总体高于南疆。全疆风向预报偏差大体呈相同态势,乌鲁木齐以西的天山山区风向预报平均偏差甚至超过 70°。

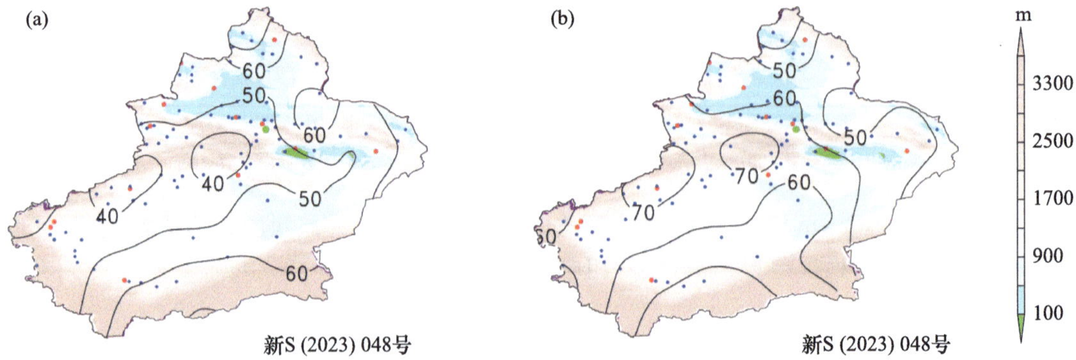

图 3.4 9 km 模式风向预报检验

(a)风向预报准确率(%);(b)风向预报平均偏差(°)

3 km 模式站点风向预报准确率(图 3.5a)较 9 km 有较明显提高,其空间分布态势与 9 km 模式大体相同,平原、盆地准确率较高,山区准确率较低,北疆、东疆总体高于南疆。

图 3.6 给出了两种分辨率模式风向检验结果的差异,全疆约 91%的站 3 km 模式风向预报准确率高于 9 km 模式,南疆盆地的提高最为明显,北疆、东疆提高幅度居中,山区也有所提高,全疆而言,平均提高约 7.3%。风向预报偏差(图 3.6b)全疆绝大多数站得到改进,其中南疆改进效果好于北疆、东疆,平均改进值为 8.1°。

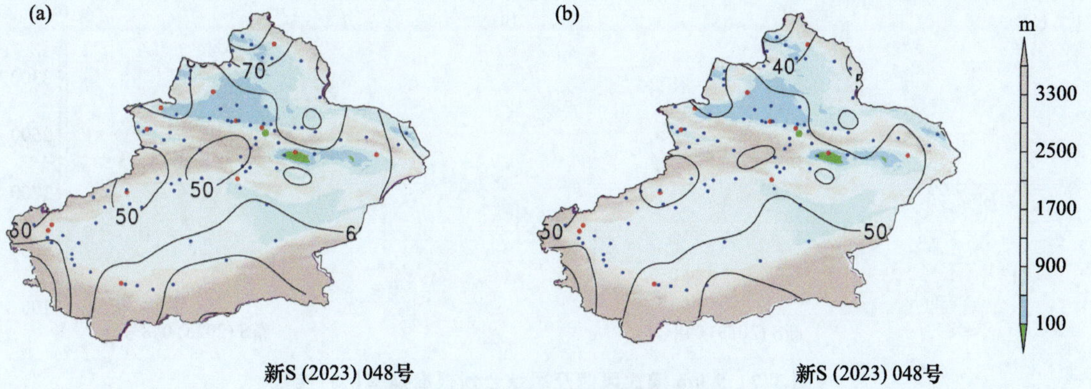

图 3.5　3 km 模式风向预报检验

(a)风向预报准确率(%)；(b)风向预报平均偏差(°)

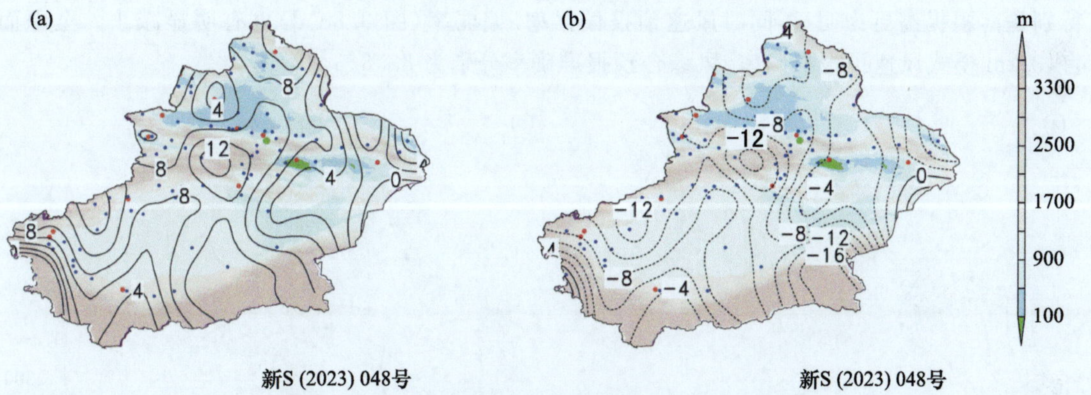

图 3.6　模式风向预报检验结果差异(3 km 减 9 km)

(a)风向预报准确率(%)；(b)风向预报平均偏差(°)

3.3.1.3　风速及风综合预报准确率对比检验

图 3.7 为 9 km 模式风速及风综合预报准确率结果，风速预报准确率(图 3.7a)北疆、东疆高于南疆，平原高于山区。风综合预报准确率(图 3.7b)北疆北部最高，北疆总体高于东疆、南疆。风速预报偏强率(图 3.7c)，南疆预报偏强率明显高于北疆，东疆风口则存在较高的风速预报偏弱现象(图 3.7d)。全疆而言，9 km 模式风速预报准确率、风综合预报准确率分别为 69.8%、21.9%。

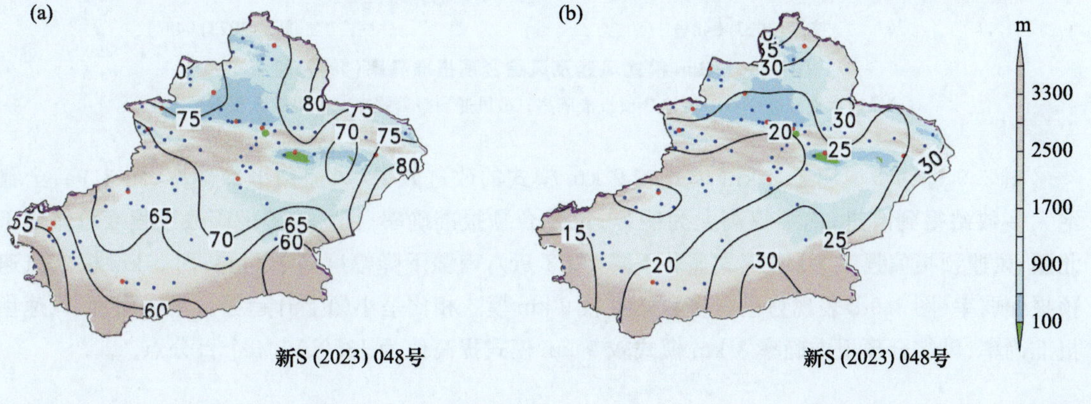

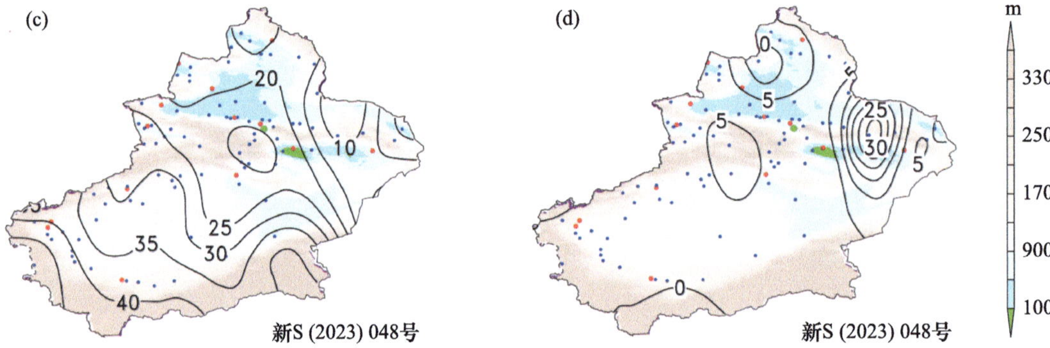

图 3.7　9 km 模式风速及风综合预报准确率(%)检验

(a)风速预报准确率;(b)风综合预报准确率;(c)风速预报偏强率;(d)风速预报偏弱率

3 km 模式风速预报准确率、风综合预报准确率(图 3.8a、b)较之 9 km 模式有明显改进,特别是南疆提高更为明显,同时风速预报偏强率、偏弱率(图 3.8c、d)也有明显减小。全疆而言,3 km 模式风速预报准确率、风综合预报准确率分别为 82.8%、32.3%。

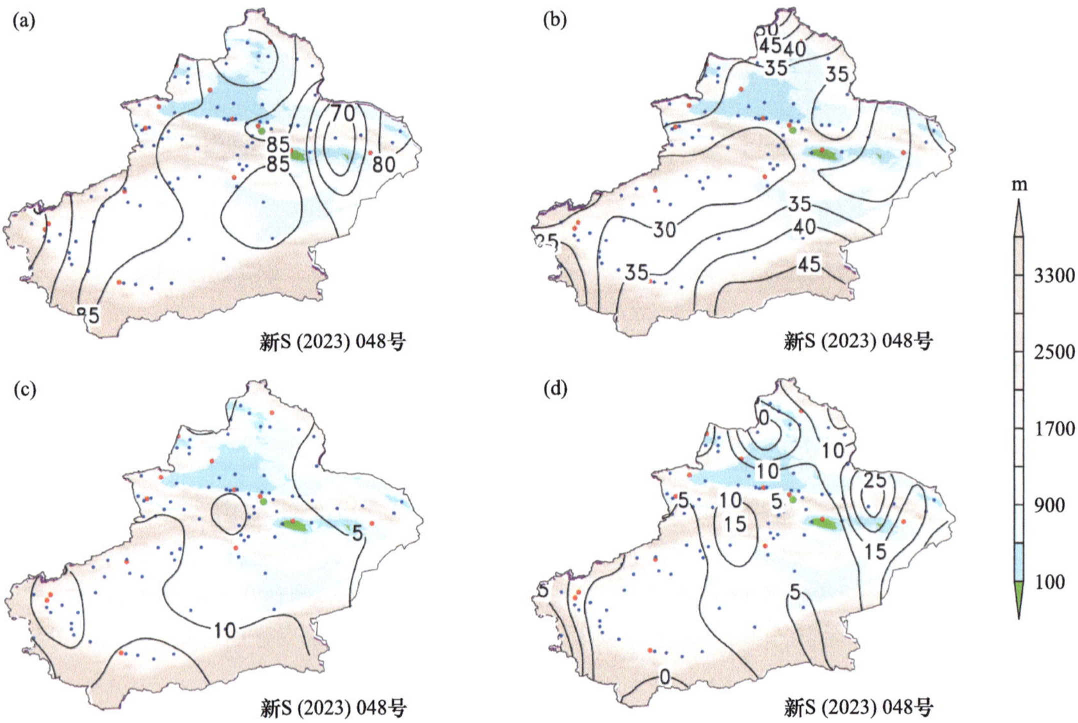

图 3.8　3 km 模式风速及风综合预报准确率(%)检验

(a)风速预报准确率;(b)风综合预报准确率;(c)风速预报偏强率;(d)风速预报偏弱率

图 3.9 进一步说明了 3 km 模式较 9 km 模式的改进效果,风速预报准确率(图 3.9a)全疆绝大多数站得到改进,南疆提高尤为明显;风综合预报准确率(图 3.9b)南疆改进程度总体优于北疆;风速预报偏强率 3 km 模式显著下降(图 3.9c),南疆下降幅度高于北疆;而 3 km 模式风速预报偏弱率(图 3.9d)表现为全疆多数站点较 9 km 模式相比呈小幅上升趋势。全疆而言,风速预报准确率、风综合预报准确率 3 km 模式较 9 km 模式提高值为 13.0、10.4 个百分点。

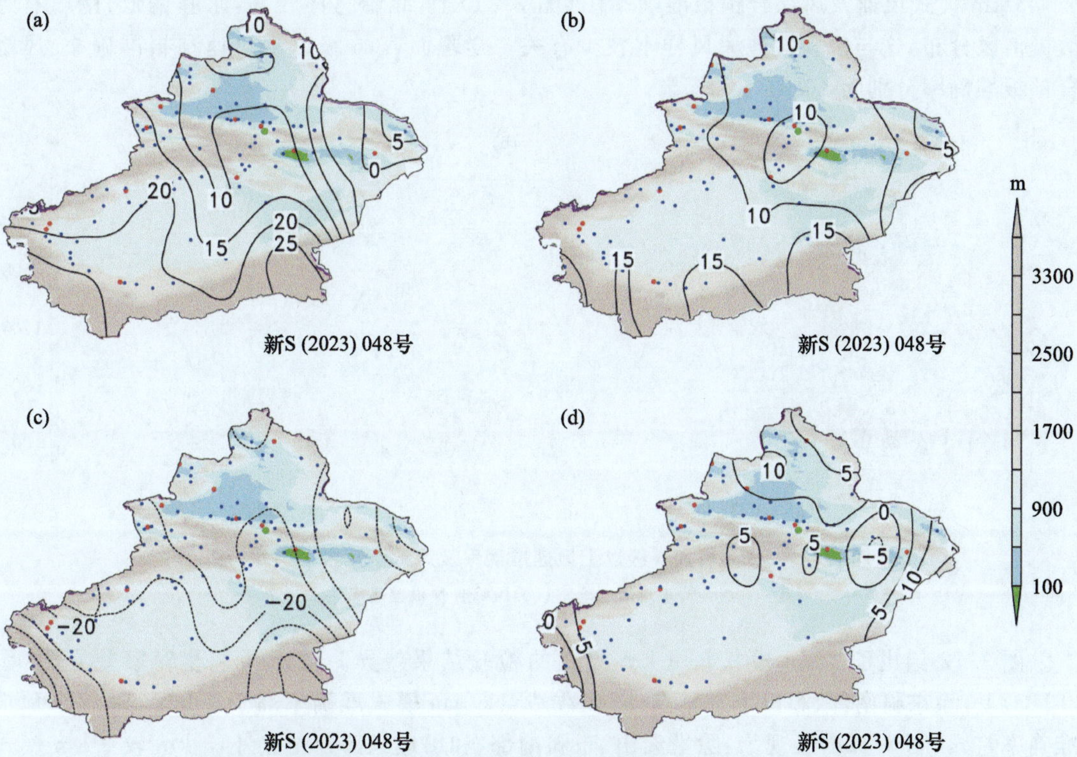

图 3.9　模式风速及风综合预报准确率差异(3 km 减 9 km,百分点)

(a)风速预报准确率,(b)风综合预报准确率,(c)风速预报偏强率,(d)风速预报偏弱率

3.3.1.4　风级区间对比检验

首先进行两种分辨率模式产品对 6 级以上风预报能力的检验。图 3.10 为 9 km 模式 6 级以上风速准确率及风综合预报准确率。风速预报准确率图(图 3.10a)上,有零散大值区分布,分别位于北疆沿天山、和田南部、东疆南部;东疆北部风速预报准确率相对较低。风综合预报准确率(图 3.10b)北疆总体高于南疆、东疆南部,北疆沿天山最高。全疆而言,9 km 模式 6 级以上风速预报准确率、风综合预报准确率分别为 36.7%、8.2%。

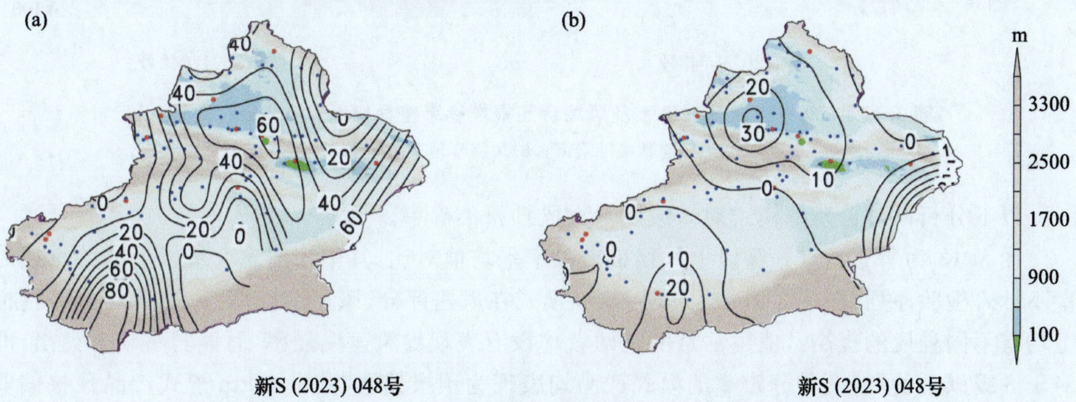

图 3.10　9 km 模式 6 级以上风速准确率及风综合预报准确率(%)

(a)风速预报准确率;(b)风综合预报准确率

3 km 模式风速及风综合预报准确率图(图 3.11)上,北疆总体较高,东疆偏低,南疆有零散极值区分布,这与南疆盆地大风样本较少有关。全疆而言,6 级以上风速预报准确率、风综合预报准确率分别为 46.3%、12.5%。

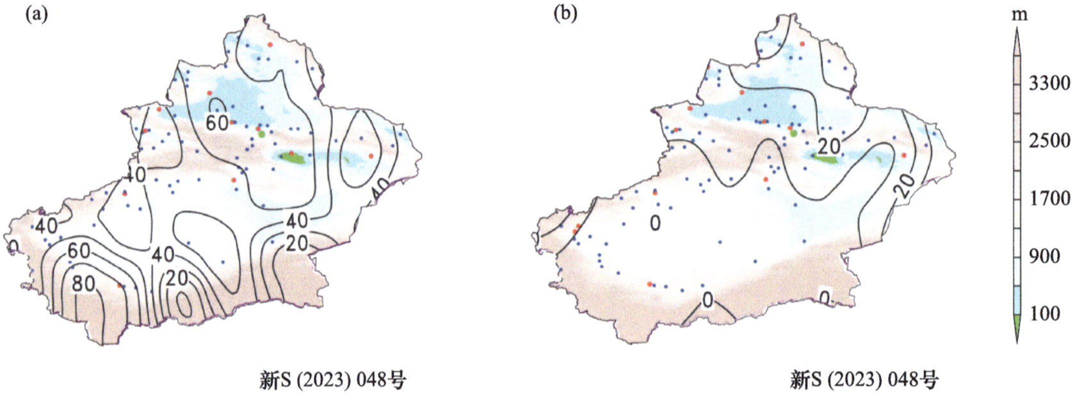

图 3.11 3 km 模式 6 级以上风速准确率及风综合预报准确率(%)

(a)风速预报准确率;(b)风综合预报准确率

图 3.12 给出了 3 km 模式较 9 km 模式的检验结果差异。风速预报准确率差异图(图 3.12a)上,除东疆南部、和田个别站点外,多数站点 3 km 模式准确率高于 9 km。风综合预报准确率差异(图 3.12b)表现为:除沿天山、东疆南部、和田地区部分站点外,3 km 较 9 km 模式有所提高。全疆而言,3 km 较 9 km 模式风速预报准确率、风综合预报准确率提高的站点比例为 91%、89%,相应的提高值为 9.6 个百分点、4.3 个百分点。

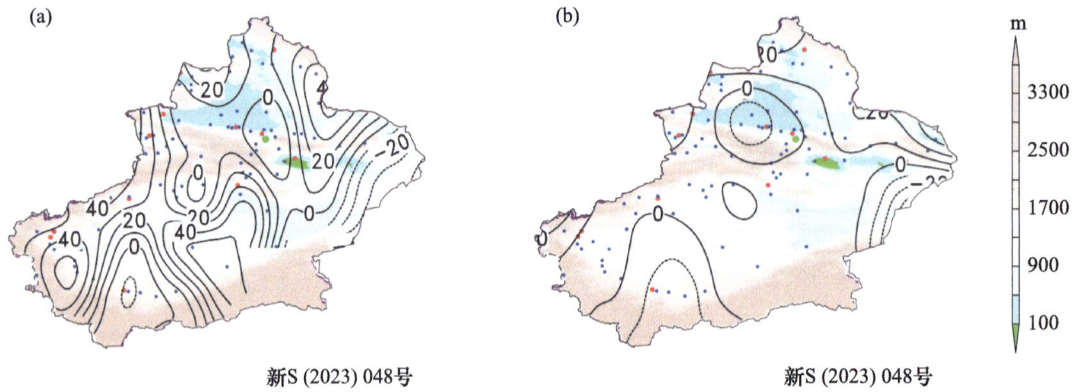

图 3.12 6 级以上风速准确率及风综合预报准确率差异(3 km 减 9 km,百分点)

(a)风速预报准确率;(b)风综合预报准确率

以下分析两种分辨率模式对 8 级以上大风预报准确率。

图 3.13 为所有站点 8 级以上风预报准确率平均值对比,其中未出现 8 级以上的站点或时次不计入检验序列,图中 3 km 模式较 9 km 模式在风速评分、风速准确率、风综合评分等指标上均有不同程度的提高。值得注意的是两者均没有表现出风速偏强率,而偏弱率较为突出,即对于 8 级以上的风,两种分辨率的模式产品均表现为预报偏弱,其中 9 km 模式产品预报偏弱更为明显。

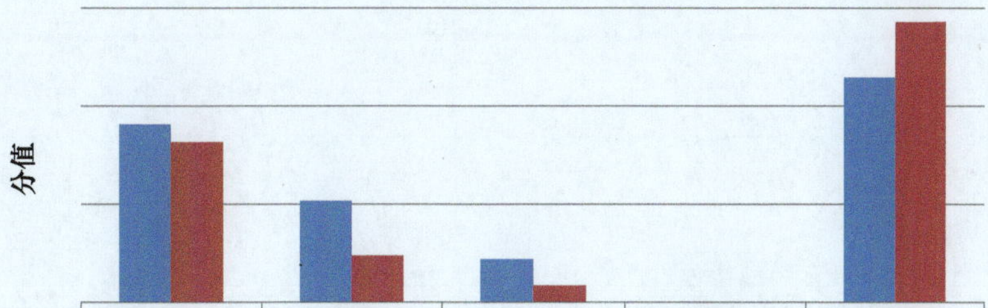

	风速评分	风速准确率	综合准确率	风速偏强率	风速偏弱率
3 km	54.6	31.1	13.2	0	68.9
9 km	49.1	14.3	5.3	0	85.7

图 3.13　两种分辨率模式对 8 级以上大风预报准确率(%)对比

3.3.2　连续时段检验

第 1 章分析表明，春季是新疆风力最强的季节。本节选取 2017 年 4 月为春季代表月进行 3 km、9 km 两种分辨率模式的对比检验。

3.3.2.1　风速预报相关系数及误差对比检验

图 3.14 为 3 km 模式风速检验结果平均值，相关系数图(图 3.14a)上南疆、东疆的部分地区有大值区存在，北疆相关系数相对偏小，全疆各站约 54%的风速预报和实况相关系数通过 $\alpha=0.05$ 的显著性检验。平均误差(图 3.14b)全疆总体不大，没有明显的负偏差存在；平均绝对误差及均方根误差(图 3.14c、d)南疆盆地、北疆风口有大值区存在，说明模式预报误差有一定的发散性。全疆而言，平均误差、平均绝对误差、均方根误差的平均值分别为 0.5、1.5、1.9 m/s。9 km 模式(图略)约 17%的站风速预报和实况相关系数通过 $\alpha=0.05$ 的显著性检验，平均误差、平均绝对误差、均方根误差的平均值分别为 0.9、1.8、2.2 m/s。3 km 与 9 km 模式的差异(图 3.15)，相关系数的提高盆地较山区显著，全疆约 95%的站提高了；平均误差、平均绝对误差、均方根误差减小站数的比例为 65%、71%、68%，对应的减小值为 0.4、0.3、0.3 m/s。

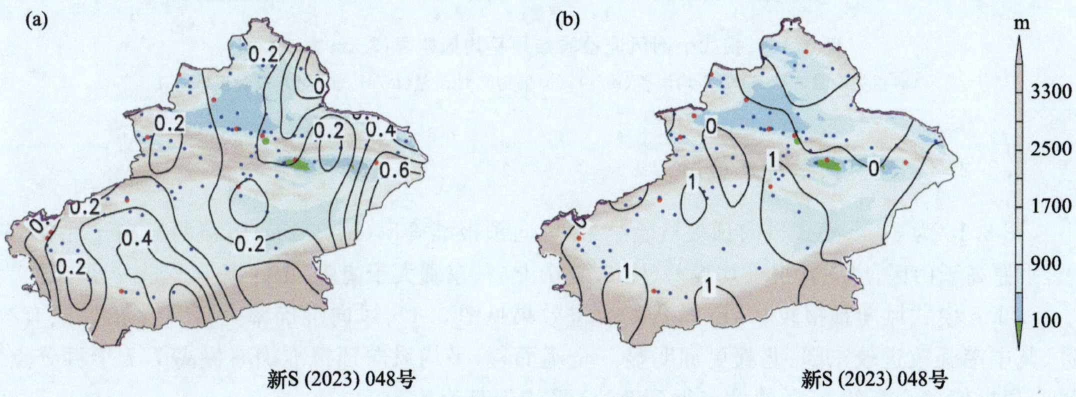

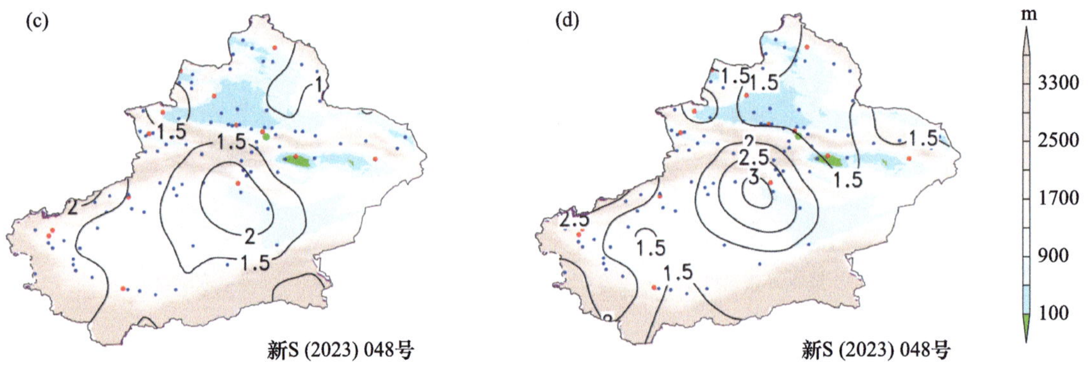

图 3.14　3 km 模式连续时段风速检验结果平均值

(a)相关系数;(b)平均误差(m/s);(c)平均绝对误差(m/s);(d)均方根误差(m/s)

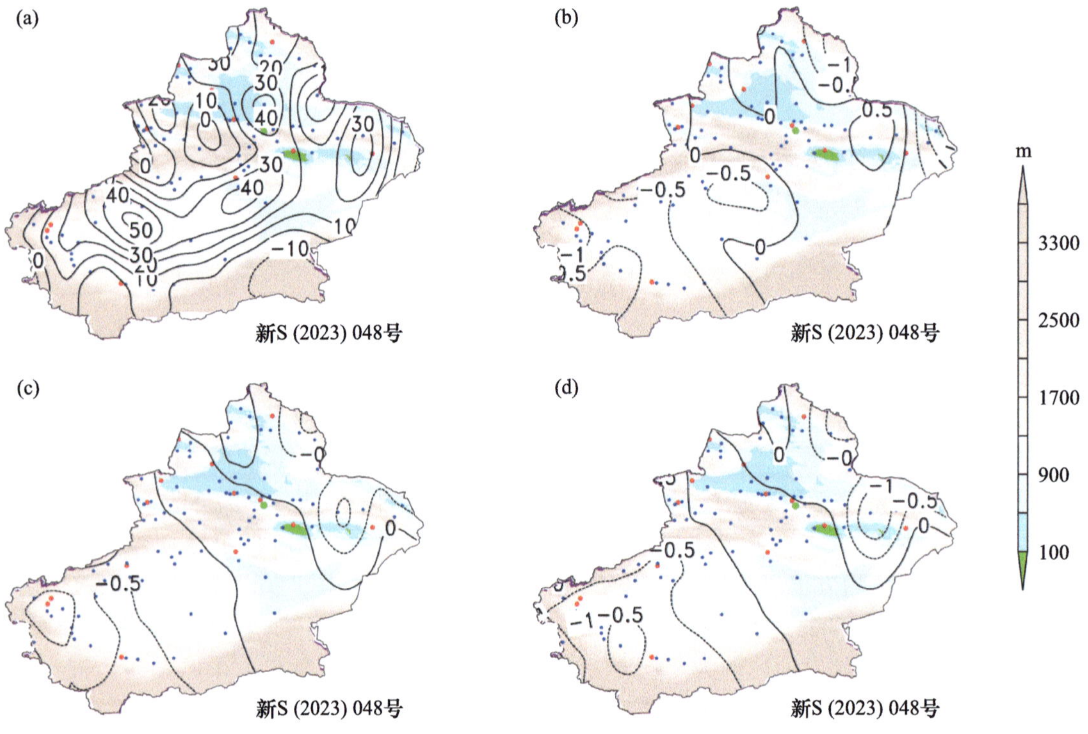

图 3.15　模式个例风速检验结果平均值差异(3 km 减 9 km)

(a)相关系数×100;(b)平均误差(m/s);(c)平均绝对误差(m/s);(d)均方根误差(m/s)

3.3.2.2　风向预报对比检验

图 3.16 为 3 km 模式风向预报检验结果,风向预报准确率(图 3.16a)南疆明显高于北疆、东疆,平原高于山区;风向预报平均偏差(图 3.16b)北疆、东疆大于南疆,山区高于平原。

3 km 模式风向预报较 9 km 模式的改进效果见图 3.17,风向准确率全疆 90%的站点有改进,其中南疆改进较东疆、北疆更加明显。全疆而言,平均风向预报准确率提高 7.7 个百分点。风向预报偏差全疆约 95%的站点得到改进,平均提高值为 10°。

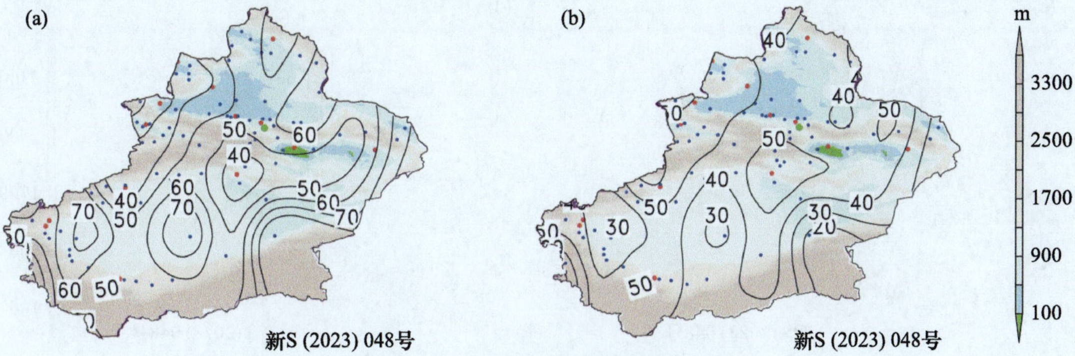

图 3.16　3 km 模式风向预报检验

(a)风向预报准确率(%)；(b)风向预报平均偏差(°)

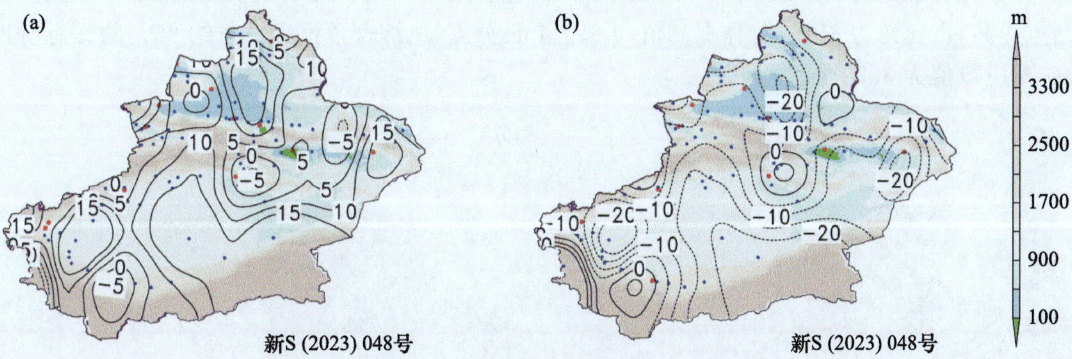

图 3.17　模式风向预报检验结果差异(3 km 减 9 km)

(a)风向预报准确率(百分点)；(b)风向预报平均偏差(°)

3.3.2.3　风速及风综合预报准确率对比检验

图 3.18 为 3 km 模式风速及风综合预报准确率检验。其中，风速预报准确率(图 3.18a)全疆总体较高，东疆相对较低；风综合预报准确率(图 3.18b)北疆、东疆风口较其他区域低。全疆而言，3 km 模式风速预报准确率、风综合预报准确率分别为 84.8%、29.0%。风速偏强率(图 3.18c)南疆高于北疆，山区高于平原；而东疆风口存在明显的风速预报偏弱区(图 3.18d)。

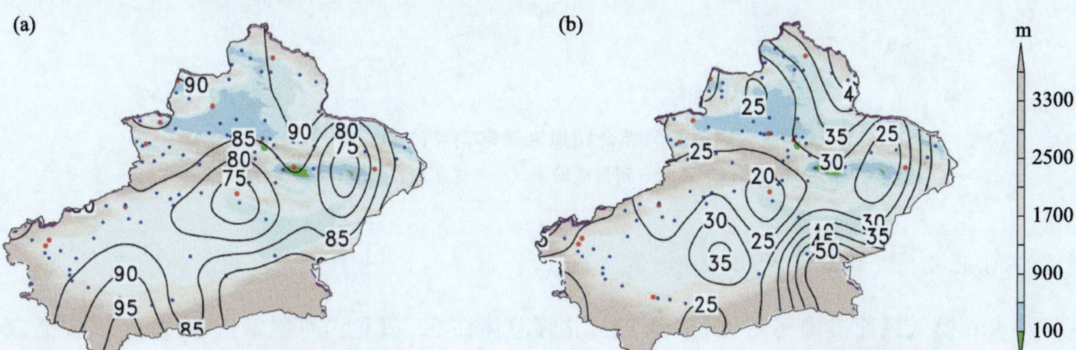

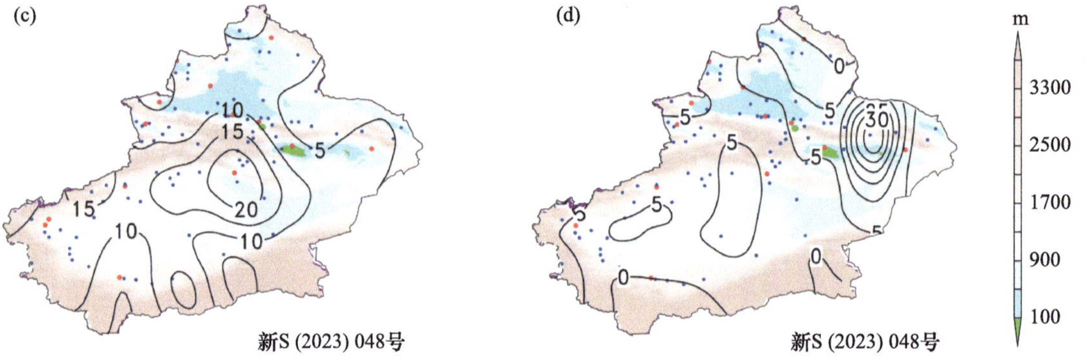

图 3.18　3 km 模式风速及风综合预报准确率(%)检验

(a)风速预报准确率;(b)风综合预报准确率;(c)风速预报偏强率;(d)风速预报偏弱率

风速及风综合预报准确率 3 km 较 9 km 的差异图(图 3.19)中,风速预报准确率全疆多数站点提高,占比约为 88%,总体提高值为 6.0 个百分点;风综合预报准确率约 95%的站有所提高,对应数值为 8.2 个百分点。

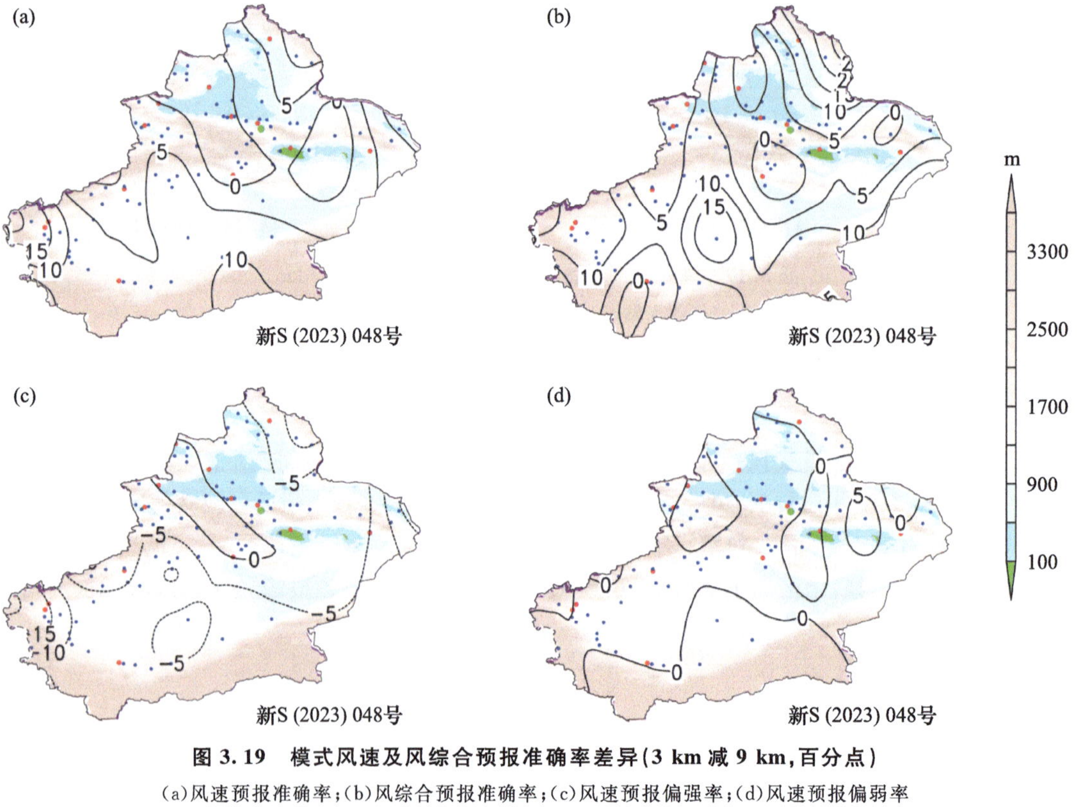

图 3.19　模式风速及风综合预报准确率差异(3 km 减 9 km,百分点)

(a)风速预报准确率;(b)风综合预报准确率;(c)风速预报偏强率;(d)风速预报偏弱率

3.3.2.4　风级区间对比检验

3 km 模式风速准确率图(图 3.20)上,北疆总体在 50%以上,东疆偏低,南疆西部较高,东部偏低,呈零散极值区分布。全疆而言,6 级以上风速预报准确率、风综合预报准确率分别为 48.9%、9.9%。

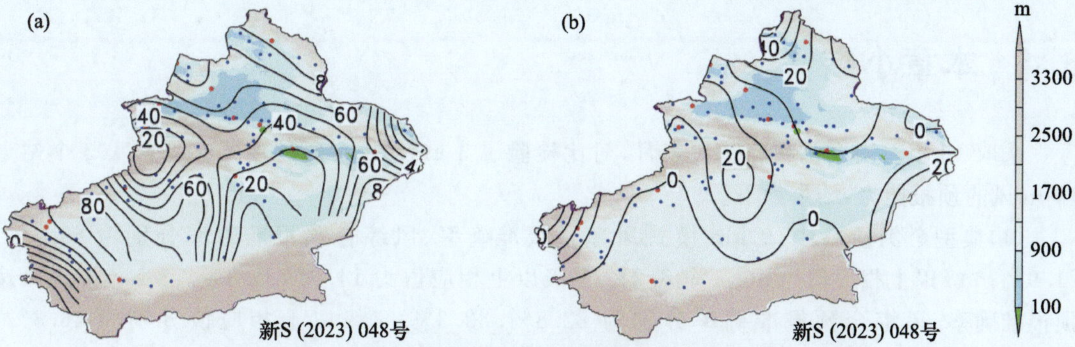

图 3.20 3 km 模式 6 级以上风速准确率及风综合预报准确率(%)

(a)风速预报准确率;(b)风综合预报准确率

图 3.21 给出了 3 km 模式较 9 km 模式的检验结果差异。风速预报准确率差异图(图 3.21a)上,除东疆南部、南疆盆地东部外,多数站点 3 km 模式准确率高于 9 km 模式。风综合预报准确率差异(图 3.21b)表现为:除东疆及北疆东部部分站点外,3 km 较 9 km 模式有所提高。全疆而言,3 km 较 9 km 模式风速预报准确率、风综合预报准确率提高的站点比例为 88%、90%,相应的提高值分别为 10.2 个百分点、3.4 个百分点。

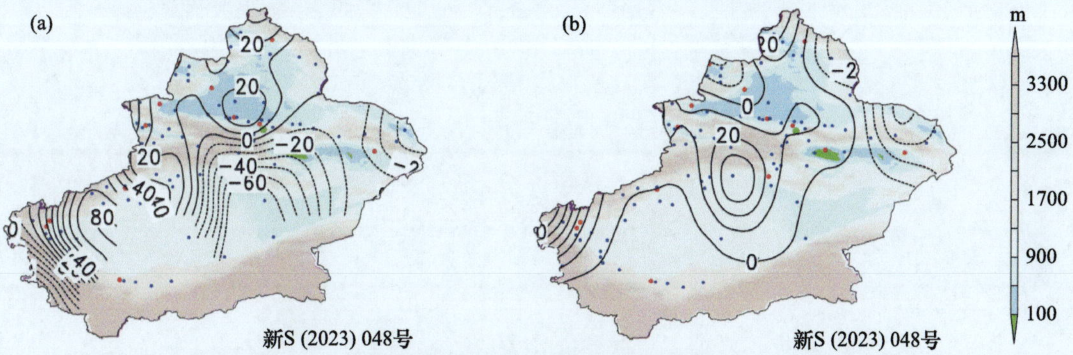

图 3.21 6 级以上风速准确率及风综合预报准确率差异(3 km 减 9 km,百分点)

(a)风速预报准确率;(b)风综合预报准确率

图 3.22 为两种分辨率模式对 8 级以上大风的预报准确率。图中 3 km 模式较 9 km 模式在风速评分、风速准确率、风综合评分等指标上均有一定幅度的提高。两种分辨率的模式产品均表现出预报偏弱,其中 9 km 模式产品预报偏弱更明显。

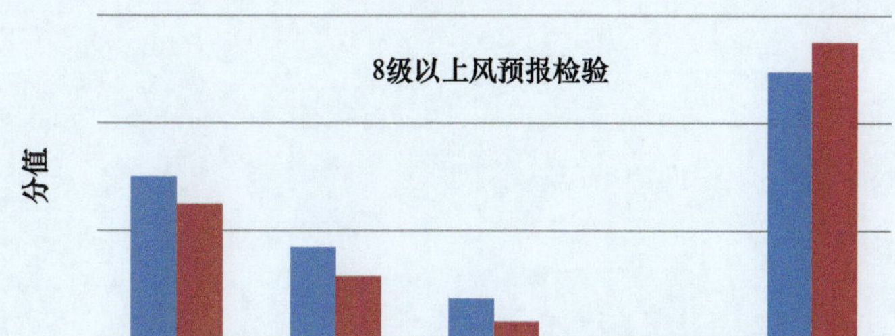

	风速评分	风速准确率	综合准确率	风速偏强率	风速偏弱率
3 km	45.2	25.6	11.3	0	74.4
9 km	37.5	17.5	4.7	0	82.5

图 3.22 两种分辨率模式对 8 级以上大风预报准确率(%)对比

3.4 本章小结

选取 18 个典型个例和春季代表月，对比检验了 3 km、9 km 两种模式在新疆 105 个站点 10 m 风的预报能力，结果如下。

(1)典型个例检验中，9 km 模式风速预报准确率、风综合预报准确率分别为 69.8%、21.9%；6 级以上相应值为 36.7%、8.2%；8 级以上相应值为 14.3%、5.3%。3 km 模式风速预报准确率、风综合预报准确率分别为 82.8%、32.3%；6 级以上相应值分别为 46.3%、12.5%；8 级以上相应值分别为 31.1%、13.2%。

(2)代表月检验中，9 km 模式风速预报准确率、风综合预报准确率分别为 78.8%、20.8%；6 级以上相应值分别为 38.7%、6.5%；8 级以上相应值分别为 17.5%、4.7%。3 km 模式风速预报准确率、风综合预报准确率分别为 84.8%、29.0%；6 级以上相应值分别为 48.9%、9.9%；8 级以上相应值分别为 25.6%、11.3%。

(3)3 km 模式 10 m 风预报性能较 9 km 模式有较明显提高，特别是风力在 6 级、8 级以上也有明显改进，8 级以上风综合预报准确率提升 6 个百分点以上。6 级以上风预报误差主要体现在预报偏弱，8 级以上风预报偏弱更加明显。

第4章 新疆沙尘暴天气气候概述

沙尘暴是指强风将地面大量沙尘吹起，使空气浑浊、水平能见度小于 1 km 的天气现象（中国气象局，1979）。沙尘暴既是一种加速土地荒漠化的重要过程，又是土地荒漠化发展到一定程度的具体体现，是干旱和半干旱地区经常出现的灾害天气之一，在特定的大气环流背景场下，沙尘暴还能将沙尘携带出沙源区，传到上千千米外的人口稠密地区，从而造成更大范围的危害和影响。它的频繁发生导致这些地区脆弱的生态环境进一步恶化，加剧了全球荒漠化进程。沙尘暴给人类造成的严重危害引起国内外学者的广泛关注，并在沙尘暴天气气候特征、成因分析、沙尘的长距离输送、遥感监测以及数值模拟等方面取得了很多有意义的成果和结论（王式功 等，2000）。

世界上有亚洲、北美、中非和澳大利亚四大沙尘暴区。中国西北地区沙漠、戈壁广布，年降水量多在 150 mm 以下，是亚洲沙尘暴的多发区（朱福康 等，1999）。徐启运和胡敬松（1996）、黄兆华（1997）、钱正安等（1997，2002）指出中国西北地区强和特强沙尘暴天气空间分布特征是地理纬度高、面积大，多发区集中，分散在西北七大沙漠或其边缘地区，沙尘暴的出现以新疆最多。新疆具有三山夹两盆的特殊地形，尤其是南疆的塔里木盆地，下垫面主要为浩瀚的沙漠，是中国大陆沙尘暴活动最频繁的地区，其中盆地中部及南部、西部和阿尔金山北麓为风沙危害极严重区，盆地四周广泛分布的绿洲与农田长期经受着沙尘暴的袭击，大片农田被毁，许多坎儿井、渠道被沙掩埋。

另外，新疆是中国天气的上游区，一场严重灾害天气的发生，往往波及下游大部分地区。例如 1993 年 5 月 5 日，西北地区发生了一场强沙尘暴，从新疆影响到甘肃河西、内蒙古西部、宁夏大部分地区，造成严重灾害，直接经济损失 5.5 亿元，超过中国东部某些台风、暴雨所造成的损失，引起了全国乃至世界的关注。2014 年 4 月 23 日，南疆盆地遭遇强沙尘暴袭击。据尉犁县气象局观测，当日 09 时 30 分该县风力已达 8 级；12 时县域内能见度几乎为 0，昏天黑地，白天瞬间变黑夜。受沙尘暴影响，该县大范围停电，客运站班线车、出租车被迫暂停运营，交警大队出动全体警力，在县城、农村重点路段设立执勤点对过往车辆进行指挥疏导；棉花、设施大棚均受影响。

4.1 新疆沙尘暴时空分布特征

4.1.1 已有的研究成果

中外的专家，特别是新疆的气象工作者对新疆沙尘暴的时、空分布进行了较为深入的分析研究。王旭等(2003)根据地面观测资料,整理出1961—1999年新疆沙尘暴天气现象资料并进行统计分析,给出新疆沙尘暴的时、空分布特征(图4.1),并以分钟为单位得到沙尘暴的日变化和持续时间,指出:①新疆沙尘暴的地理分布特点是北疆少南疆多、山区少盆地多,沙尘暴的出现频率随海拔高度的上升明显减少。沙尘暴的高发区在南、北两大沙漠中,沙漠南缘、山脉北麓出现的沙尘暴多于其他周边地区,其中南疆最高中心在和田民丰和阿克苏柯坪,分别为35.2 d、31.5 d。次高发区在北疆北部平原、塔额盆地、焉耆盆地—托克逊—哈密盆地。沙尘暴的频繁发生与地势、地貌、下垫面条件密切相关。②新疆沙尘暴的高发年份多在20世纪60年代和70年代,90年代沙尘暴的发生明显减少。③新疆沙尘暴主要出现在4—8月,10月到次年3月少有沙尘暴发生,沙尘暴活动的高峰期南、北两大盆地北部早于南部,东部早于西部。④北疆的准噶尔盆地沙尘暴高发时段在17—22时。南疆的塔里木盆地全天都有沙尘暴发生,其中,南部有3个高发时段,分别是00—05时、11—15时、19—24时,北部高发时段在17—23时,东部和西部高发时段在10时—次日00时。新疆其他地区沙尘暴多发时段在16—21时。⑤北疆大多数沙尘暴的持续时间不超过60 min,南疆不超过90 min,塔里木盆地南部沙尘暴的持续时间最长。沙尘暴的最长持续时间,准噶尔盆地是在6～16 h,塔里木盆地是10～26 h,平原地区是5～10 h,山区是1～3 h。

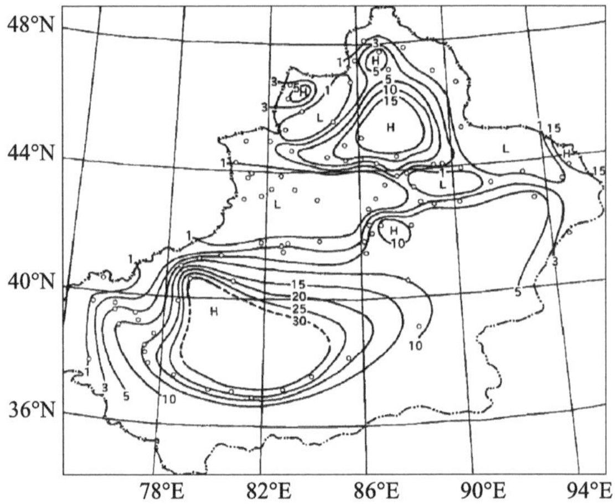

图4.1 新疆沙尘暴年平均日数分布(王旭 等,2003)

4.1.2 南疆沙尘暴高发区近年变化特征

4.1.2.1 资料与方法

已有的研究指出新疆沙尘暴存在南疆和田、阿克苏两个高发区,其年代际变化表现为20世纪60、70年代高发,进入90年代明显减少,本研究在此基础上继续分析上述高发区进入21世纪以来沙尘暴日数的变化。

选取和田地区民丰、和田、于田、策勒、皮山、洛浦6站,阿克苏地区柯坪、阿拉尔2站1971—2018年逐年沙尘暴日数进行分析。采用与王旭等(2003)同样的标准:依据《地面气象观测规范》,气象日界为北京时间20时。在统计沙尘暴出现日数时,若某一次沙尘暴跨越20时,则按两个出现日计算。当某一天沙尘暴过程出现两次或以上时,则按一个出现日计算。

4.1.2.2 代表站近 50 年变化

和田地区 6 个代表站 1971—2018 年沙尘暴逐年日数总体均呈现下降趋势(图 4.2),其中下降最为显著的为和田站,其沙尘暴年平均值 1971—1979 年为 30 d,1990 年后明显下降,2010—2018 年的年平均日数不足 1990—1999 年平均的 1/3 和 2000—2009 年平均的 1/2。民丰站在 1980—1989 年平均最高,达到 44.6 d,其中 1985 年更是达到了 62 d,进入 20 世纪 90 年代以来,其沙尘暴日数也呈小幅下降,但维持在 20 d 以上。相对而言,洛浦、策勒下降幅度不及和田站,特别是洛浦,1990—1999 年、2000—2009 年、2010—2018 年年平均维持在 7 d 左右。如表 4.1 所示。

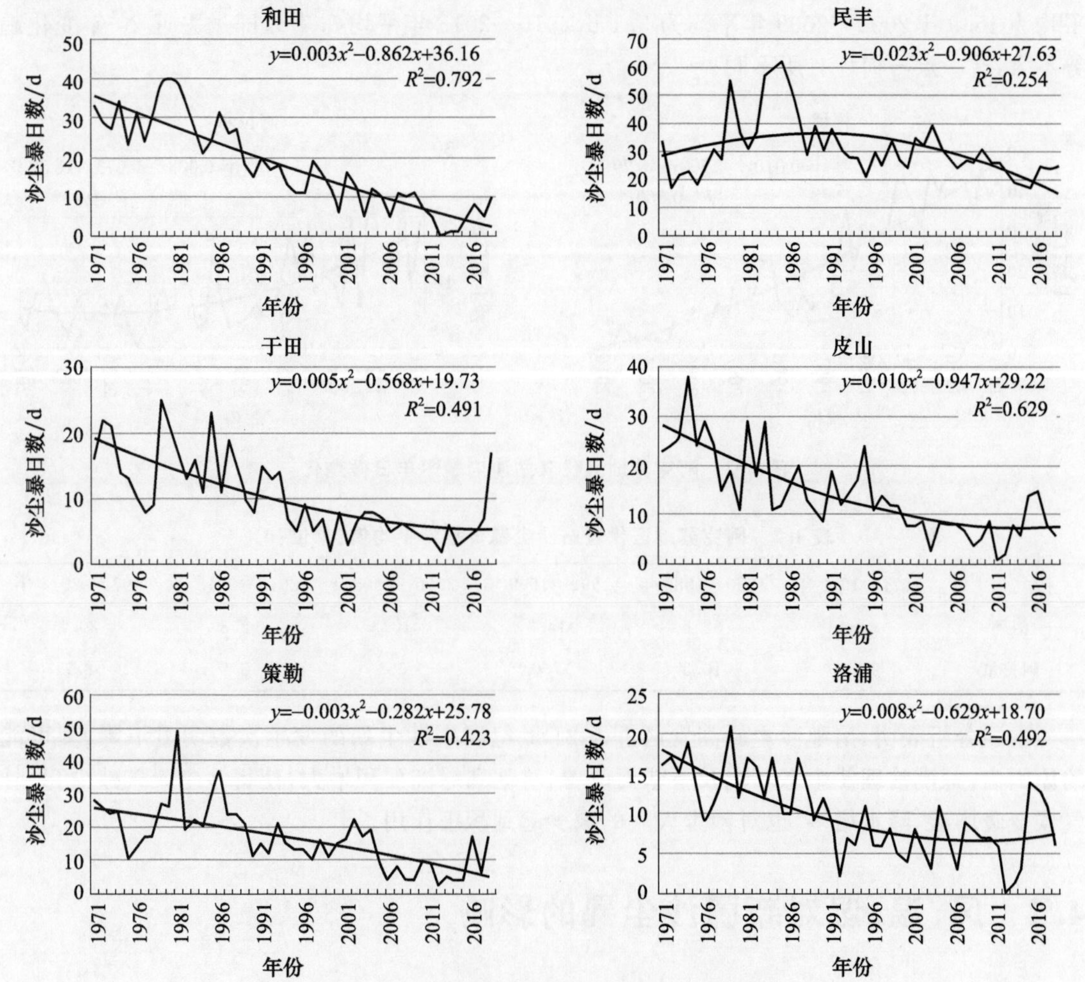

图 4.2 和田地区代表站沙尘暴逐年日数变化

表 4.1 和田地区代表站沙尘暴日数年平均值(单位:d)

	1971—1979 年	1980—1989 年	1990—1999 年	2000—2009 年	2010—2018 年	1971—2018 年
和田	30.0	28.5	15.2	9.9	4.7	17.7
民丰	27.9	44.6	29.2	29.6	22.6	31.0
于田	15.3	15.5	8.5	6.2	5.8	10.3
皮山	24.8	17.0	14.5	6.9	7.7	14.1

续表

	1971—1979 年	1980—1989 年	1990—1999 年	2000—2009 年	2010—2018 年	1971—2018 年
策勒	20.8	27.2	13.7	11.9	8.1	16.4
洛浦	15.0	13.4	7.2	6.6	6.8	9.8

阿克苏地区代表站柯坪、阿拉尔两站 1971—2018 年沙尘暴日数均呈显著的下降趋势，其中柯坪下降尤为明显(图 4.3)。年代际变化(表 4.2)中，1971—1979 年平均日数为 41.4 d，而 2010—2018 年平均值下降至 2.3 d，后者仅为前者的 5.6%，值得注意的是 2010—2018 平均值较其前 10 年(2000—2009 年)下降幅度最大。阿拉尔下降趋势不及柯坪显著，1971—1979 年平均为 15.9 d，2000—2009 年平均为 5.1 d，2010—2018 年平均 5.7 d，即过去近 20 年变化趋势不大，这一点与柯坪有所不同。

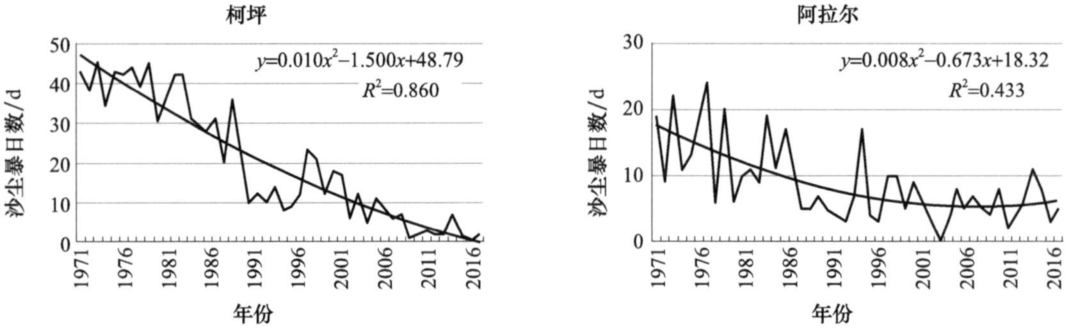

图 4.3 阿克苏地区代表站沙尘暴逐年日数变化

表 4.2 阿克苏地区代表站沙尘暴日数年平均值(单位:d)

	1971—1979 年	1980—1989 年	1990—1999 年	2000—2009 年	2010—2018 年	1971—2018 年
柯坪	41.4	32.6	14.3	10.3	2.3	20.1
阿拉尔	15.9	10.3	7.0	5.1	5.7	8.7

上述分析表明，南疆沙尘暴高发区进入 21 世纪以来沙尘暴的发生次数明显下降，其可能的原因为：荒漠治理使生态环境及下垫面改善，耕地和绿洲面积增大，使得沙尘天气减少，另外气候变暖增湿，降水增多，也对沙尘天气的减少起到积极作用。

4.2 风、温、湿对新疆沙尘暴的影响

如前文所述，沙尘暴是由强风将地面大量沙尘吹起，使空气浑浊、水平能见度小于 1 km 的天气现象。本节进一步分析新疆沙尘暴与风、温度、湿度的关系。

新疆沙尘暴高发区在北疆的古尔班通古特沙漠和南疆的塔克拉玛干沙漠，并以沙漠为中心向四周逐渐减少，沙漠南缘、山脉北麓一线高于其他周边地区(图 4.1)。虽然下垫面同样是沙漠，但天气系统、地形走向、植被覆盖情况的不同使得南疆沙尘暴的年平均日数是北疆的两倍。平原和盆地为沙尘暴的次高发区，山区沙尘暴年平均日数均不足 1 d。新疆沙尘暴年平均日数最高的是和田的民丰，其次是阿克苏地区的柯坪。大风的年平均日数却是北疆多于南疆，中、低山区多于平原地区。大风日数的高值区在北疆、东疆和南疆西部山区。在地理分布上，沙尘暴

与大风的分布刚好相反，沙尘暴日数多的地区大风日数较少，这说明新疆的沙尘暴与下垫面状况关系密切。

新疆沙尘暴发生期间最多风向和最低风速指标如图 4.4 所示。沙尘暴发生时，北疆西部最多风向是西，北疆其他地区则为西北，与影响北疆的天气系统路径一致(张家宝 等，1983)。南疆的吐鄯托盆地和哈密盆地最多风向是西北，天山南麓的库车、沙雅、新和地区和焉耆盆地以偏北为主，指示北疆天气系统侵入南疆的翻山路径。阿克苏地区是东风，表明翻山后天气系统自东向西移动。塔里木盆地南缘民丰以西及喀什地区以西风和西北风最多，显示出天气系统自南疆西部山区翻山进入塔里木盆地南缘的西部地区。塔里木盆地南缘安得河以东地区是东风，引起这一地区沙尘暴的天气系统来自东部。引起沙尘暴的最低风速指标，北疆除沿天山西段是 8～10 m/s 外，北疆其他地区及东疆为 10～17 m/s。南疆的吐鄯托盆地和焉耆盆地是 10 m/s，塔里木盆地 6～8 m/s，盆地南缘最小，只有 6 m/s，即南疆沙尘暴的发生只需较小的风速，其中 50% 引发沙尘暴的风速达不到大风标准。

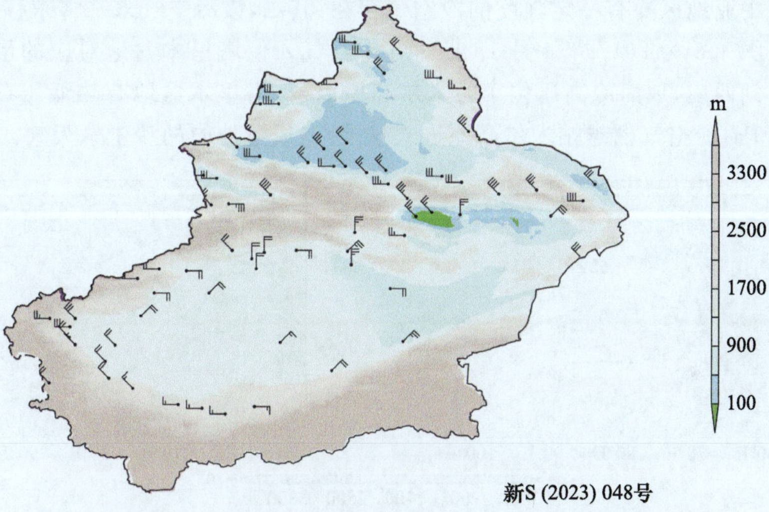

图 4.4 新疆沙尘暴发生期间最多风向、最低风速

新疆沙尘暴年日数与大风年日数、春季大风日数及夏季大风日数的相关都非常明显，正相关系数超过 0.8，远超过了 0.01 水平检验值 0.413。新疆沙尘暴与年降水量呈显著的负相关，相关系数为－0.4676，与冬季降水量的负相关也很明显，两者均通过 0.01 水平的显著性检验。温度与沙尘暴关系只有南疆沙尘暴与冬季月平均温度的相关系数是－0.432，通过了 0.01 水平显著性检验，新疆沙尘暴与冬季月平均温度的相关系数为－0.4，接近显著水平检验值。南疆及全疆年平均相对湿度与沙尘暴、北疆春季相对湿度与沙尘暴的相关系数均低于－0.42，通过了 0.01 水平显著性检验。可见，大风日数的减少、年降水量增加、气温的上升是导致新疆沙尘暴日数减少的气象因素(陈洪武 等，2003)。

4.3 南疆沙尘暴天气学分型

北疆的沙尘暴主要由沿西或西北路径入侵新疆的冷空气引发的地面强风引起，沙尘暴对应的风以偏西或西北为主(图 4.4)，引发南疆塔里木盆地沙尘暴的天气系统相对复杂。新疆气象工作者从引发沙尘暴的天气系统将塔里木盆地沙尘暴分为四种类型：冷空气翻山型、冷空气东灌型、锋前热低压发展型、局地对流型。其中东灌型占比最高,其次为翻山型,锋前热低压发展型、局地对流型相对较少(陈洪武 等,2003)。以下对塔里木盆地四种类型的沙尘暴做进一步阐述。

4.3.1 冷空气翻山型沙尘暴

主要是指冷空气从盆地的西侧喀什、克州地区和盆地北侧阿克苏地区、巴州进入盆地后造成的沙尘暴天气。主要有两条路径,即西方冷空气路径和北方冷空气路径。

4.3.1.1 西方冷空气路径

冷空气位置比较偏西、偏南,一般位于巴尔喀什湖以南的喀什附近,在地面图上可看到冷锋和较明显的正变压存在,同时在 500 hPa 形势图上高空槽位于(40°～50°N,60°～80°E),并有两条以上等高线。地面高压中心与盆地气压差一般在 10 hPa 以上。此类沙尘暴的预报关键是:其一,在中亚地区要有一定强度的冷空气存在;其二,该冷空气未来将东移翻越帕米尔高原进入盆地。图 4.5 为 2017 年 4 月 13 日西方冷空气入侵塔里木盆地对应的形势图,高空槽位于巴尔喀什湖西南,地面冷高压位于帕米尔高原以西,塔里木盆地有热低压存在,海平面气压差超过 25 hPa,冷空气翻越帕米尔高原进入盆地,造成盆地内的沙尘暴天气。

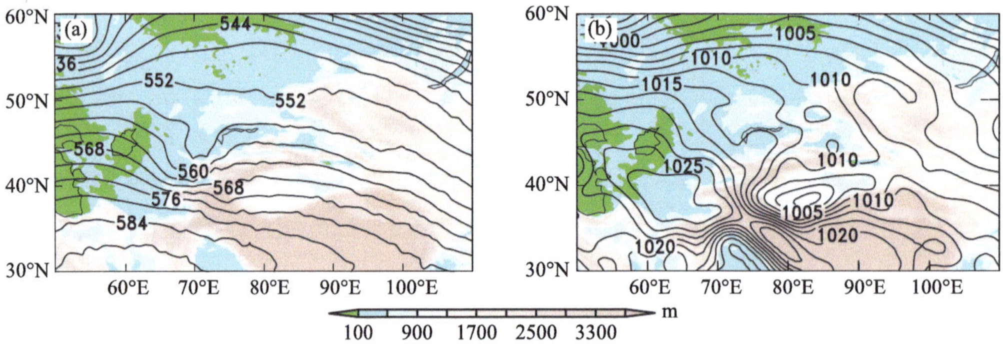

图 4.5 2017 年 4 月 13 日 14 时西方冷空气路径形势图

(a)500 hPa 高度场;(b)海平面气压场

4.3.1.2 北方冷空气路径

北方冷空气位置相对偏东,南下过程中受天山阻挡形成深厚堆积,地面图上表现为天山北侧有密集的地形等压线,天山两侧形成强气压梯度。乌拉尔山高压脊东移或向东伸展,冷空气从新地岛以东至泰米尔半岛南下,槽底伸到 50°N,槽后北风带位于 80°E 附近。在多数情况下北疆受横槽控制,而且冷空气势力比较强。此类型沙尘暴的预报关键是:横槽转向东南下槽后北风带延伸到天山以南。所以,要密切注意主导系统乌拉尔山高压脊是否垮台,此类型沙尘暴一般强度较大,并大多出现在春季或秋季,阿克苏地区、巴州北部有 5 级以上的偏北风就可能造成沙漠腹地的沙尘暴天气。

图 4.6 为 2015 年 3 月 11 日北方冷空气入侵塔里木盆地对应的形势图。高空槽压至新疆,引导冷空气南下,地面冷高压中心强度达 1042.5 hPa,受天山大地形阻挡在其北侧形成深厚堆积,塔里木盆地内有热低压存在,天山两侧气压梯度超过 25 hPa,天山北侧冷空气在气压梯度作用下翻越天山进入塔里木盆地,引发阿克苏地区,喀什、巴州北部强风及沙尘暴天气。

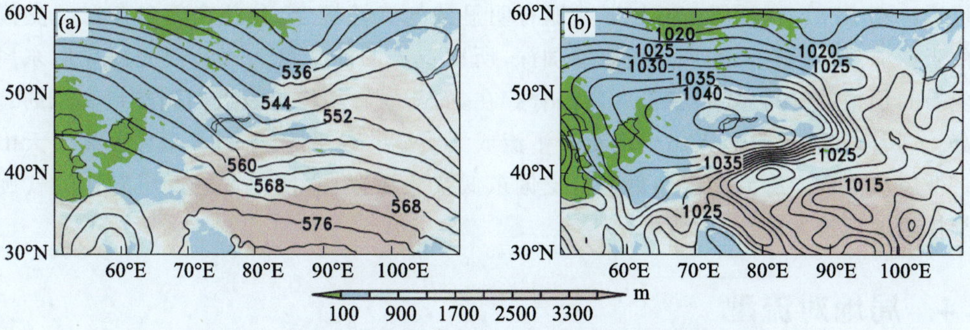

图 4.6　2015 年 3 月 12 日 14 时北方冷空气路径形势图

(a)500 hPa 高度场；(b)海平面气压场

4.3.2　冷空气东灌路径

冷空气东移南下入侵新疆时，受天山山脉阻挡东移至哈密东部后，冷空气迅速沿盆地东部的开口地形自东向西流入塔里木盆地，形成盆地内的偏东大风，俗称“东灌天气”。当东灌天气塔里木盆地出现偏东大风，在合适的热力条件下，出现沙尘暴天气，即冷空气东灌路径沙尘暴。此类型沙尘暴的预报关键是：首先能否形成东灌，其次是当地本站的气象条件，如果在东灌天气形成时，盆地内有气压下降、温度上升等变化，则可预报将有沙尘暴发生。

图 4.7 为 2018 年 4 月 2 日 20 时冷空气东灌型沙尘暴形势图。地面冷高压东移至蒙古一带，塔里木盆地为低压中心，冷空气回流东灌进入盆地形成东风，造成盆地内沙尘暴天气。

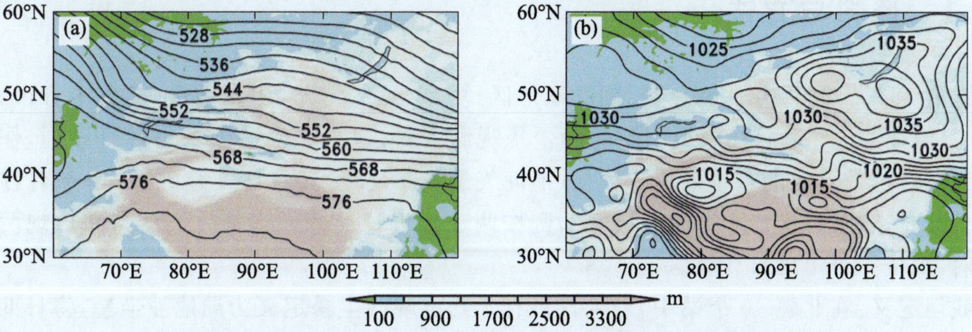

图 4.7　2018 年 4 月 2 日 20 时冷空气东灌型沙尘暴形势图

(a)500 hPa 高度场；(b)海平面气压场

此类型沙尘暴的预报关键是：蒙古至哈密东部有地面冷高压存在。此类型沙尘暴一般强度较大，并大多出现在春季或秋季。另外，在夏季有时有弱冷空气翻越天山，造成阿克苏地区的阵性降水，此时由于沙漠腹地的热力条件较好，且与阿克苏地区的气压差较大，动力和热力条件的共同作用也可能造成沙漠腹地沙尘暴天气发生。

4.3.3　锋前热低压发展

新疆受强的高压脊控制，并且脊线稳定在 90°E 附近。地面图上有冷锋沿天山以北进入北疆，由于新疆脊的阻挡，移速越来越慢。与此同时，有弱冷空气从帕米尔高原进入盆地的西部形成弱冷锋，并缓慢东移。盆地内有两条以上的闭合等压线的低压存在，中心明显加深，24 h

降压可达4～5 hPa。在低层850 hPa盆地有明显的气旋性辐合，盆地东部多存在一支偏东急流。由于锋前热低压自西向东缓慢东移加深，所以造成的沙尘暴天气一般先西风后东风。此类沙尘暴的预报关键是：要有稳定的新疆脊存在，而新疆脊的稳定发展与副热带高压的北抬密不可分。同时，在新疆脊后天山以南有暖平流或无明显的冷平流，并且0辐散面高于天山山脉高度。低层从河西走廊到南疆东部有一支偏东低空急流存在，使得盆地低层有强的气旋性辐合来维持热地压的发展。

4.3.4 局地对流型

局地对流型多出现在夏季，其特点是：突发性强，过程时间相对较短，强度相差较大。此类沙尘暴主要是由中小尺度系统(切变线、雷暴单体等)造成。由于新疆观测站稀疏且探空站较少，给中小尺度的研究带来很大的困难。这里只能给出一些初步的预报指标。首先要密切注意700 hPa或850 hPa是否有中小尺度辐合切变线，另外在局地沙尘暴天气出现前，喀什到和田要有雷暴高压存在，并且在前6 h有大于3 hPa的正变压。在本站要素中前1～2天14时的气温和地温一般较高，或当天14时的气温较前一天明显上升，而气压相对较低。另外，要借助卫星云图密切监视是否有中尺度对流系统发生、发展，局地沙尘暴的预报时效一般较短。

4.4 北疆沙尘暴天气学分型及变化趋势

4.4.1 资料与方法

选取1961—2001年北疆(包括阿勒泰地区、塔城地区、博州、伊犁地区、乌鲁木齐市、石河子市、昌吉州)40个地面气象观测站的沙尘暴观测资料，建立北疆沙尘暴出现日序列，作为沙尘暴天气过程数界定的基本数据。依据《地面气象观测规范》气象日界为20时，在统计沙尘暴出现日数时，若某一次沙尘暴跨越20时，则按两个出现日计算。当某一天沙尘暴出现两次或以上时，则按一个出现日计算。

我们定义：在北疆40个站中，若某日只有1站出现沙尘暴定义为局地沙尘暴，将日期连续的视为一次过程，得到局地沙尘暴天气过程；若某次沙尘暴天气过程每日2～4站出现沙尘暴则视为一般沙尘暴天气过程，若某次沙尘暴天气过程每日≥5站出现沙尘暴则视为区域沙尘暴天气过程。

4.4.2 北疆沙尘暴天气过程的时间变化特征

1961—2001年北疆出现局地、一般、区域沙尘暴天气过程分别为923次、589次、172次，平均每年分别出现22.5次、14.4次、4.2次，所占百分比依次为55%、35%、10%，因而，北疆以局地沙尘暴天气为主。

局地沙尘暴天气过程年出现次数超过2次的位于额敏(2.5次)、沙湾(2.0次)、莫索湾(4.1次)，一般沙尘暴天气过程年出现次数超过2次的位于乌苏(2.5次)、额敏(3.0次)、沙湾(3.9次)、莫索湾(6.2次)、呼图壁(2.3次)，区域沙尘暴天气过程年出现次数超过2次的位于沙湾(2.4 次)、莫索湾(3.0 次)、呼图壁(2.2 次),可见北疆的奎屯河至玛纳斯河之间的奎玛流域是北疆沙尘暴的高发区域。

无论是局地、一般或区域沙尘暴天气过程均以持续 1 d 为主,持续 2 d 的占一小部分,其中持续 1 d(2 d)的占比局地为 87%(11%)、一般为 78%(22%)、区域为 72%(27%)(表 4.3)。可见沙尘暴出现范围越大,较长持续时间出现的概率也越大。

北疆局地、一般沙尘暴天气过程活跃期在 3—10 月,6 月最多;区域沙尘暴天气过程活跃期在 4—10 月,5 月最多。

表 4.3 北疆沙尘暴天气过程的年变化(次数)

	连续天数	1月	2月	3月	4月	5月	6月	7月	8月	9月	10月	11月	12月	合计
局地	1 d	2	9	31	100	137	144	123	110	77	47	21	17	818
	2 d		1	7	12	12	25	14	13	10	4	2		100
	3 d						3	1		1				5
	合计	2	10	38	112	149	172	138	123	88	51	23	17	923
一般	1 d	1	1	13	65	68	91	85	59	36	27	9	4	459
	2 d			2	12	26	32	23	18	8	5		1	127
	3 d						1	1	1					3
	合计	1	1	15	77	94	124	109	78	44	32	9	5	589
区域	1 d			1	23	22	25	16	11	14	12			124
	2 d				10	15	5	8	4	4	1			47
	3 d							1						1
	合计			1	33	37	30	25	15	18	13			172

20 世纪 60 年代、70 年代、80 年代、90 年代北疆局地沙尘暴天气过程平均出现次数分别为 25.8 次、25.1 次、24.7 次、17.4 次,前 3 个年代相当,90 年代减少;一般沙尘暴天气过程平均出现次数分别为 17.9 次、17.0 次、17.0 次、7.8 次,前 3 个年代也相当,90 年代明显减少;区域沙尘暴天气过程平均出现次数分别为 5.1 次、4.5 次、6.3 次、1.2 次,前 3 个年代也相当,90 年代明显减少。

北疆沙尘暴天气过程的年际变化可分为 3 个时段(图 4.8),其中 1961—1970 年沙尘暴天气过程由多至少,1971—1983 年由少至多,1984—2001 年呈逐渐减少趋势。

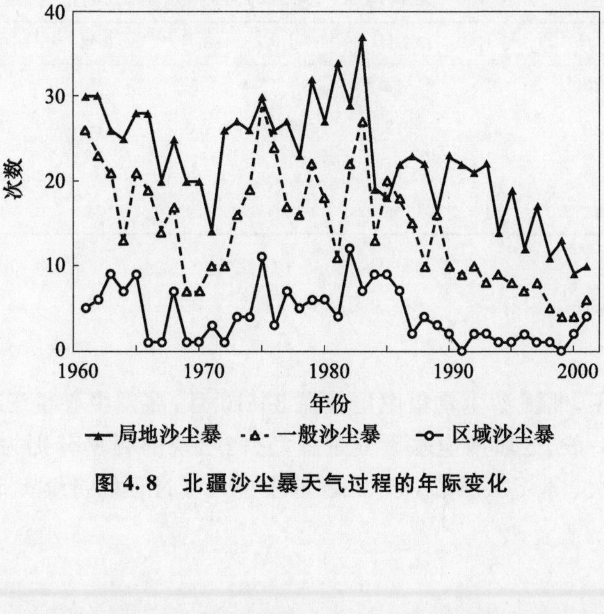

图 4.8 北疆沙尘暴天气过程的年际变化

4.4.3 北疆沙尘暴天气过程变化趋势成因分析

1961—2001年北疆沙尘暴天气过程年出现次数呈线性减少的趋势，其中局地沙尘暴减少趋势为3.4次/10 a，一般沙尘暴减少趋势为3.3次/10 a，区域沙尘暴减少趋势为1.0次/10 a。沙尘暴天气过程年出现次数的趋势系数能够定量表达线性变化的强烈程度，局地、一般、区域沙尘暴天气过程年出现次数的趋势系数分别为−0.6160、−0.5875、−0.3667，趋势系数为负，表示呈减少趋势，且减少程度局地沙尘暴天气过程最强、区域最弱、一般介于两者之间。

每年4—10月北疆40站平均降水量在1961—2001年呈增加趋势，其与局地、一般、区域沙尘暴天气过程年出现次数的相关系数分别为−0.2694、−0.4269、−0.3510，这表明4—10月北疆降水量的增加是造成北疆局地、一般、区域沙尘暴天气过程减少的原因之一。另外，1961—2001年4—10月北疆区域性大风天气过程(每日≥5站同时出现大风)呈减少趋势，其与区域沙尘暴天气过程年出现次数的相关系数为0.4452，这进一步表明，区域大风天气过程的减少也是造成区域沙尘暴天气过程减少的重要原因。

4.4.4 造成区域沙尘暴天气过程的冷空气类型

引发北疆区域沙尘暴天气过程的地面冷高压包括三种类型，它们分别为西北型(A)、偏西型(B)、中尺度高压型(C)。在西北型(A)中，地面冷高压主体位于西西伯利亚南部，冷高压前部伴有冷锋，该冷高压自西北向东南移动进入北疆地区，冷锋前部的强风造成北疆的沙尘暴天气；在偏西型(B)中，地面冷高压主体位于巴尔喀什湖以南地区，冷高压前部伴有冷锋，该冷高压自西向东移动进入北疆地区，冷锋前部的强风造成北疆的沙尘暴天气；在中尺度高压型(C)中，北疆西部国境线附近形成中尺度高压，其前部也伴有冷锋，该中尺度高压东移过程中造成北疆的沙尘暴天气。

统计北疆区域沙尘暴天气过程中3类地面冷高压出现日数(表4.4)发现，西北型冷高压、偏西型冷高压、局地中尺度高压出现频率分别为38%、51%、11%，而中尺度高压仅在6—9月出现。

表4.4 地面冷空气类型的月分布(单位:d)

路径	3月	4月	5月	6月	7月	8月	9月	10月	合计	%
A	—	23	28	13	9	6	4	2	85	38
B	1	20	23	12	17	10	16	13	112	51
C	—	—	—	11	9	3	1	—	24	11
合计	1	43	51	36	35	19	21	15	221	100

4.4.5 结论

在1961—2001年，北疆沙尘暴集中出现在3—10月，高发中心位于奎玛流域。北疆沙尘暴可以划分为局地、一般、区域沙尘暴天气过程，它们出现的频率分别为55%、35%、10%，且每年分别出现22.5次、14.4次、4.2次。北疆沙尘暴天气过程以持续1 d为主，且以局地沙尘暴天气过程居多。

1961—2001 年北疆沙尘暴天气过程年出现次数线性减少，其中局地、一般、区域沙尘暴天气过程每 10 a 分别减少 3.4 次、3.3 次、1.0 次，它们的趋势系数分别为－0.6160、－0.5875、－0.3667。4—10 月北疆降水量的增加是造成局地、一般、区域沙尘暴天气过程减少的原因之一，而区域大风天气过程的减少是造成区域沙尘暴天气过程减少的重要原因。

引发北疆区域沙尘暴天气过程的地面冷高压包括西北型、偏西型、中尺度冷高压型，3 类冷高压出现频率分别为 38%、51%、11%。

4.5 本章小结

(1)新疆沙尘暴的地理分布特点是北疆少南疆多、山区少盆地多，沙尘暴的出现频率随海拔高度的上升明显减少。沙尘暴的高发区在南、北两大沙漠中，沙漠南缘、山脉北麓出现的沙尘暴天气多于其他周边地区，南疆的中心——和田的民丰和阿克苏的柯坪一带，北疆奎玛流域为高发中心。次高发区在北疆北部平原、塔额盆地、焉耆盆地—托克逊—哈密盆地。

(2)新疆沙尘暴的高发年份多在 20 世纪 60 年代和 70 年代，90 年代沙尘暴的发生明显减少，进入 21 世纪下降更为明显。新疆沙尘暴主要出现在 4—8 月，10 月到次年 3 月少有沙尘暴发生，沙尘暴活动的高峰期南、北两大盆地北部早于南部，东部早于西部。

(3)北疆的准噶尔盆地沙尘暴高发时段在 17—22 时，南疆的塔里木盆地全天都有沙尘暴发生。其中，南部有 3 个高发时段，分别是 00—05 时、11—15 时、19—24 时，北部高发时段在 17—23 时，东部和西部高发时段在 10 时—次日 00 时。新疆其他地区沙尘暴多发时段为 16—21 时。

(4)南疆沙尘暴有冷空气翻山型、冷空气东灌型、锋前热低压发展型、局地对流型 4 种类型，其中东灌型占比最高，其次为翻山型，锋前热低压发展型、局地对流型相对较少。北疆沙尘暴有西北型、偏西型、中尺度冷高压型 3 种，出现频率从高到低依次为偏西型、西北型、中尺度冷高压型。

第 5 章

新疆典型沙尘暴个例天气学分析与模拟

沙尘暴是发生在干旱和半干旱地区的一种严重破坏生态环境、威胁人民生命财产安全的灾害天气。中国从 20 世纪 70 年代开始对沙尘暴天气个例、形成机理及影响等方面做了大量研究工作(徐国昌 等,1979;陈楠 等,2006),总结了沙尘暴特征及天气分型。目前,针对典型沙尘暴天气的分析表明,乌拉尔山低压槽和西西伯利亚地面冷锋爆发性南压是引发西北地区沙尘暴的主要天气系统,锋后强冷平流和高空动量下传造成地面大风,引发沙尘暴(王敏仲 等,2008)。另有研究表明,沙尘暴不仅与低层环流密切相关,沙尘暴的爆发也是高低空环流配合发展的结果(赵翠光和刘还珠,2004)。沙尘暴总是与高空急流相伴出现,多出现在西风、西南风、西北风急流的左侧或右后侧,高空急流带(核)的强度、走向影响着甘肃等地强沙尘暴的发生、发展、强度及影响范围(程海霞 等,2005;杨先荣 等,2011)。还有研究发现,副热带西风急流的加强和次级环流将高空动量有效下传至地面是造成大风、沙尘暴的重要原因(马禹 等,2006;刘宁薇 等,2011),由此可见,沙尘暴天气是多个系统共同作用的结果。

新疆沙漠广布,是中国沙尘暴多发区之一(阿米娜・阿不力克米和迪丽努尔・阿吉,2011),塔里木盆地为沙尘暴等自然灾害高脆弱区(安瓦尔・买买提明和戴锐,2013)。气象工作者对于新疆沙尘暴的气候特征、天气学分析及大风、温度等气象因子的预报指标进行了一定研究(王旭 等,2003;陈洪武 等,2003;薛福民 等,2009;赵霞和张中伟,2011)。塔克拉玛干沙漠位于天山南麓,有丰富的沙源,大风携卷沙尘加剧了南疆地区沙漠化进程(王秋香 等,2012),南疆盆地是新疆沙尘暴的频发区,强度强、危害重。造成南疆盆地的强沙尘暴天气系统多变,气象工作者根据南疆盆地沙尘暴发生时高空环流形势和地面风场特征,南疆沙尘暴有冷空气翻山型、冷空气东灌型、锋前热低压发展型、局地对流型等四种,其中东灌型占比最高,其次为翻山型。杨莲梅等(2006)、王敏仲等(2008)分别对冷空气翻山型、冷空气东灌型沙尘暴的动力特征从高度场、散度场等方面进行研究,得出了沙尘暴发生过程中的环流动力结构。

本节将选取新疆典型沙尘暴个例进行天气学分析及数值模拟,探讨沙尘暴发生过程中高地空环流配置、风场结构等气象要素。

5.1 塔里木盆地 2014 年 4 月 23 日强沙尘暴分析

5.1.1 天气实况及前期气候背景

5.1.1.1 沙尘天气实况

2014 年 4 月 23 日 08—20 时,阿克苏、巴州地区 15 个站出现大风、沙尘暴天气,其中巴州

7 站为强沙尘暴，尉犁 17 时出现能见度为 0 km 的“黑风”，大部分地区平均风力达 5～6 级，最大瞬时风力达到 12 级(表 5.1)。本次天气出现的沙尘暴站数在近 10 年同日中最多，危害最重。

表 5.1　2014 年 4 月 23 日南疆盆地沙尘暴天气实况

站名	天气现象	能见度(km)	平均最大风速(m/s)	瞬时最大风速(m/s)
尉犁	特强沙尘暴	0.0	6.7	17.9
且末	强沙尘暴	0.1	9.6	16.0
库尔勒	强沙尘暴	0.1	7.8	15.5
铁干里克	强沙尘暴	0.2	6.7	12.8
轮台	强沙尘暴	0.4	30.7	33.6
塔中	强沙尘暴	0.4	9.7	15.6
阿拉尔	强沙尘暴	0.5	8.1	10.2
阿克苏	沙尘暴	0.6	13.8	21.5
拜城	沙尘暴	0.7	12.8	16.6
新和	沙尘暴	1.0	13.6	27.3
库车	沙尘暴	1.0	12.8	27.7
温宿	沙尘暴	1.0	13.0	24.7
沙雅	沙尘暴	1.0	7.8	16.9
和硕	沙尘暴	1.0	12.0	20.3

5.1.1.2　前期气候背景

4 月上旬至中旬，南疆盆地未受明显冷空气影响，气温较常年高 1～2 ℃，同时，南疆大部分地区降水稀少，仅阿克苏、库尔勒两站在 4 月 14 日出现不足 1 mm 降水。沙尘暴前南疆地区的温度偏高、干旱少雨，使得地表土质干燥疏松，为沙尘天气的发生创造了有利的沙源条件。

5.1.2　高低空环流特征配置

5.1.2.1　高空环流形势

沙尘暴发生前，500 hPa 欧亚范围中高纬度为纬向环流，21—22 日环流形势明显调整，在极锋锋区上东欧脊快速发展，并与里海—咸海脊叠加形成跨 20 个纬距的长波脊，脊顶北伸至 60°N 大西洋沿岸，脊前强盛的西北风建立并不断将新地岛上空冷空气向南输送，西西伯利亚低压槽发展为成熟的“U 形槽”，且低压槽冷中心达到－40 ℃，冷槽南压至 40°N。此时，温度槽落后于高度槽，大气斜压性增强，欧洲脊与西西伯利亚低压槽 21 日 08 时发展，至 20 时达强盛，发展过程不足 12 h，天气系统爆发性发展。23 日 08 时，由于欧洲脊上游“赶槽”冷侵入，主导系统东南衰退，造成西西伯利亚低压槽东移并分段，北支在西西伯利亚平原地区北收，－36 ℃冷中心和南支槽进入新疆，阿勒泰、阿克苏上空偏北急流增强，中心风速达到 36 m/s(图 5.1a)，脊前正变高 28 dagpm，槽底负变高 16 dagpm，强劲变高梯度引导极地冷空气南下爆发，使得冷空气翻越天山进入塔里木盆地，形成沙尘暴天气。低层(700 hPa)－20 ℃冷中心低压槽控制新疆，阿勒泰、阿克苏的西北急流增强至 24 m/s，天山两麓等温线密集，说明锋区较强（图 5.1b）。中低层温度较前日下降 12 ℃以上，强锋区南压近 5 个纬距，温度梯度为 0.25 ℃/100 km，表明冷空气移动很快，爆发力强。气流在翻越天山时等温线与等高线的夹角＞40°，有利于能量转换，最终造成阿克苏 850～700 hPa 风速增强，槽前出现沙尘暴。

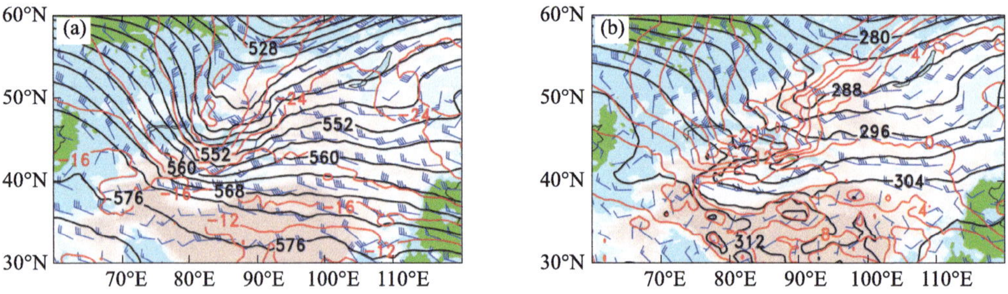

图 5.1　2014 年 4 月 23 日 08 时高空形势图

（黑色，高度场；红色，温度场）

(a)500 hPa；(b)700 hPa

5.1.2.2　地面影响系统

4 月 20—22 日冷空气在东欧平原持续积聚，冷高压中心为 1035 hPa，22 日夜间冷高压快速南下至巴尔喀什湖北侧并增强至 1038 hPa，南、北疆温压梯度增强，冷锋在阿克苏形成（图 5.2 a）。23 日 08 时冷高继续东南下并增强至 1042 hPa，冷空气翻越天山进入塔里木盆地，南疆盆地锋生函数＞0，即地面冷锋形成，冷锋附近斜压性大，有利于垂直环流的发展与能量转换，冷锋后的阿克苏地区地面西北风达到 10～14 m/s，轮台风速为 20 m/s，有利于沙尘暴天气开始。14—17 时，地面冷锋继续东移进入巴州，造成 8～14 m/s 偏北风自北向南影响巴州地区，形成此地区强沙尘暴天气。天气过程中，南疆盆地中东部热低压由 1000 hPa 下降至 997 hPa，北高南低的气压形势造成气压梯度达 40 hPa/1000 km，强盛的气压梯度造成冷空气爆发性强，冷空气从阿克苏、巴州两路灌入南疆盆地，锋后大风造成强沙尘暴，随着冷锋移动沙尘暴区扩大、东移。

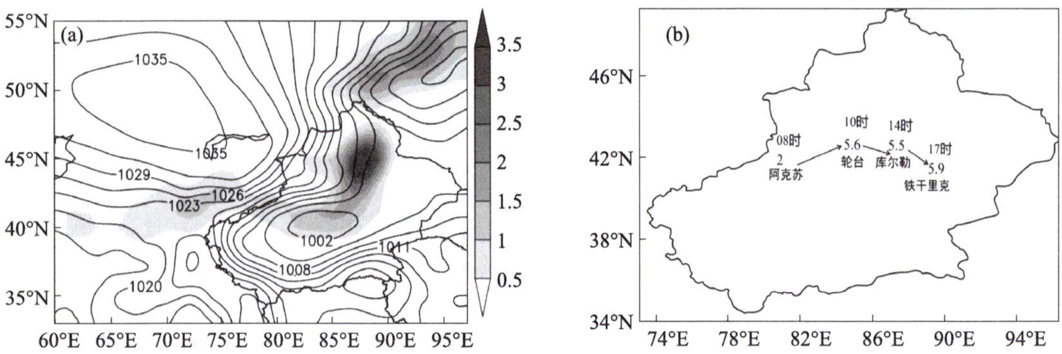

图 5.2　2014 年 4 月 22 日 02 时地面要素（李娜 等，2017）

(a)海平面气压（实线，单位：hPa）、地面锋生函数（阴影，单位：10^{-5} K/(m·s)）；

(b)变压场演变（单位：hPa）

地面变压能够反映冷、暖空气最新演变特征，也是大风形成的重要成因。08 时阿克苏变压＋2 hPa，与库尔勒－2 hPa 变压形成强变压梯度。10—11 时轮台气压涌升 5.6 hPa，风速达到 20 m/s，继尉犁后出现沙尘暴，14—17 时库尔勒、铁干里克气压升高 5.5 hPa、5.9 hPa，沙尘暴发生在强变压区，正变压对锋面移动、大风、沙尘暴路径有很好的指示意义。

5.1.2.3 中尺度低压系统

沙尘天气前期，南疆盆地为低压系统，库尉盆地有一中小尺度低压存在，23 日 08 时冷锋推动低压系统东移，尉犁减压 2 hPa，南疆低压和中尺度低压强度增强（中心为 995.5 hPa）。09 时地面冷锋位于阿克苏地区，锋后 3 h 正变压达到 4.2 hPa，尉犁位于冷锋前减压 2 hPa，变压梯度明显，造成了尉犁强劲的地面大风，并且此处有明显的锋后西北风和低压偏东风辐合，使得尉犁地区沙尘暴增强。10 时冷锋经过尉犁站，由于冷空气侵入，阿克苏至巴州北部为正压区，尉犁出现 4 hPa 变压，中尺度低压减弱至 997.5 hPa，风逐渐转为西北大风，沙尘暴加强（图 5.3a）。16 时，地面冷锋不断东移进入南疆盆地，低压系统不断被推入至和田地区，冷高前沿压入南疆盆地，在尉犁地区，海平面气压增强，但风场仍维持气旋性辐合，不利于沙尘扩散，最终造成尉犁站能见度 0 km 的“黑风”天气（图 5.3b）。

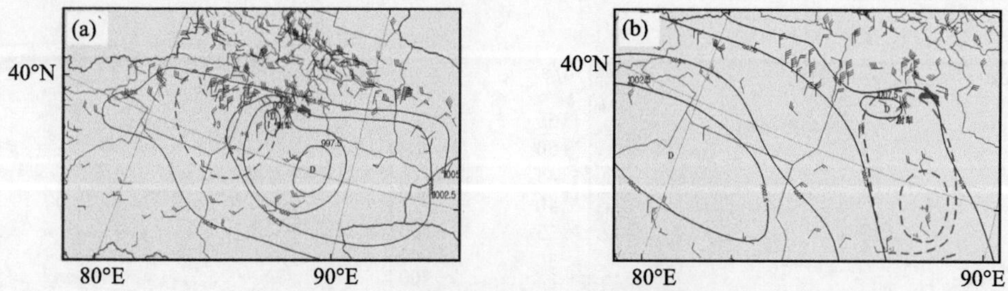

图 5.3 加密自动站实况（李娜 等，2017）

［海平面气压（实线，单位：hPa）、变压场（虚线，单位：hPa）、风场（矢量，单位：m/s）］

（a）4 月 23 日 10 时；（b）4 月 23 日 16 时

本次过程中，东欧脊和西西伯利亚低压槽发展，造成中低空锋区、温度梯度、气压梯度加强，冷空气爆发南下，为沙尘暴提供大尺度环流条件。强烈发展的西西伯利亚冷高和冷锋后大风是本次沙尘暴产生的地面系统，变压对沙尘暴的时间、强度、移动路径有明显的指示意义。南疆盆地稳定的中尺度低压系统有利于风场辐合，使得尉犁沙尘暴加强为“黑风”。

5.1.3 气象要素诊断分析

5.1.3.1 高、低空急流特征

大范围沙尘暴爆发时，一般高空有强风区，大风下传造成动量下传，卷起地面沙尘形成沙尘暴（赵翠光和刘还珠，2004）。沙尘天气前期，300 hPa 极锋急流中心位于 50°N，由于欧洲脊和西西伯利亚低压槽发展东移，极锋锋区底部 35～50 m/s 急流不断东移南下至新疆。23 日 08 时极锋急流东移并分支，北支 60 m/s 西南急流位于北疆上空，南支 50 m/s 偏西急流进入阿克苏（图 5.4a），分析阿克苏本站等风速时间-高度剖面，22 日夜间，30 m/s 急流位于 200～300 hPa，随着时间推移，动量向下传递，急流向中低层延伸，23 日 08 时，阿克苏 500、700、850 hPa 出现偏西急流，最大风速分别为 30 m/s、26 m/s、24 m/s（图 5.4b），大风、沙尘暴天气出现在高空急流（≥35 m/s）、中低空急流（≥12 m/s）附近。14 时，南支急流再次断裂，一支滞留在阿克苏上空减弱至 45 m/s，另一支≥35 m/s 的急流快速东移扫过巴州上空与偏北急流在东疆汇合，巴州位于两个急流中心之间(图 5.4c)，轮台等风速时间-垂直剖面分析得出，23 日 02—14 时高空急流在东移过程中由 40 m/s 增强至 50 m/s，并且动量不断下传，14 时轮台 700～600 hPa 风速出现 35 m/s 急流中心，近地层风速加强至 16 m/s 以上(图 5.4d)，使得 10 时巴州北部开始的沙尘暴范围扩大、强度增强。20 时后各层急流均移出新疆地区，沙尘暴天气结束。

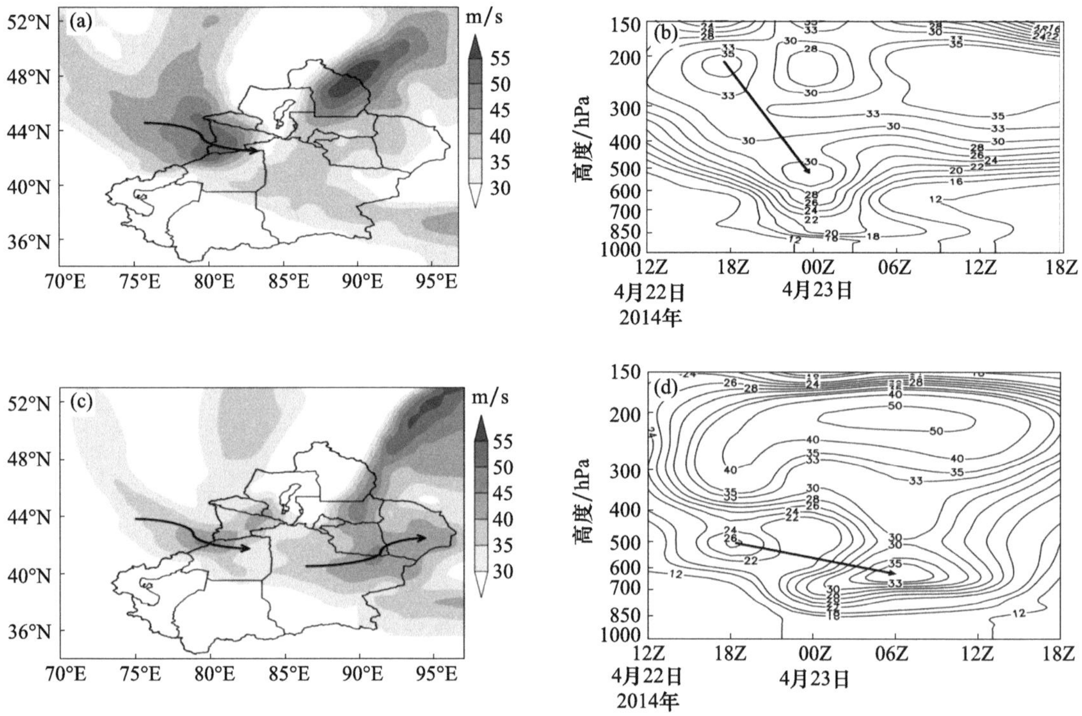

图 5.4　300 hPa 急流(阴影，单位：m/s)，阿克苏、轮台等风速(单位：m/s)时间-高度剖面(李娜 等，2017)

(a)4 月 23 日 08 时 300 hPa 急流；(b)阿克苏风速时间-高度剖面；

(c)4 月 23 日 14 时 300 hPa 急流；(d)轮台风速时间-高度剖面

分析可见，沙尘暴主要发生在高、低空急流轴附近，高、低空急流具有时间差，因高空急流易引发次级环流，造成高空动量下传，近地层风速加大。整个过程中急流尤其中、低空急流的入侵时间、强度、轴位置与沙尘暴发生时间、地点、强度、移动有密切关系，故急流是大范围沙尘暴发生的动力。

为了分析急流内部动力、热力结构可能存在的动量下传机制，沿高、低空急流轴下强沙尘暴区(41°N)做散度、假相当位温、垂直速度和温度平流的纬向-垂直剖面。

5.1.3.2　辐散辐合

22 日夜间，阿克苏至轮台一线大气辐合辐散运动出现激增，700 hPa 以下为辐合区，700～400 hPa 为辐散区，23 日 08 时，随着各层风速增大，阿克苏地区出现深厚的辐散、辐合运动，81°～84°N，200～100 hPa 为辐散层，200 hPa 以下为向西(冷区)倾斜的辐合区，500 hPa 为无辐散层，其中两个辐合中心分别位于 400 hPa、近地层，中心强度达到 $15\times10^{-5}\ s^{-1}$，高层辐散、低层辐合有利于动力抽吸引发的上升运动(图 5.5)。此时，深厚的辐合区位于高空槽强锋区和地面冷锋前部，这种结构易于发生近地层大风和上升运动，有利于地面起沙及向上输送形成沙尘暴。

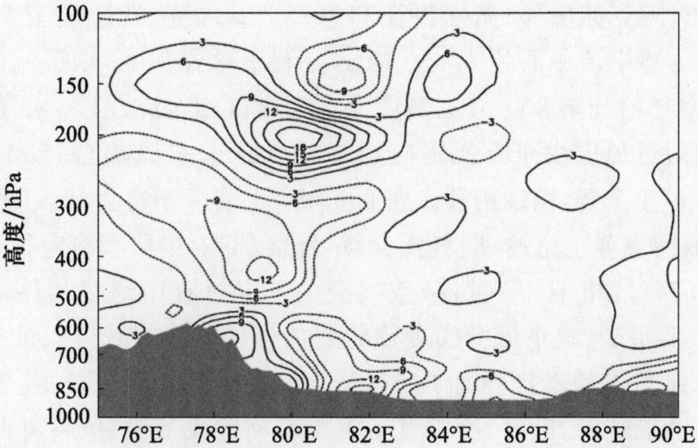

图 5.5　4 月 23 日 08 时散度场(单位:$10^{-5}s^{-1}$)纬向-垂直剖面

5.1.3.3　不稳定条件

阿克苏至巴州北部,850～500 hPa 假相当位温(θ_{se})随高度上升减小,低层大气处于不稳定状态,有利于对流和斜升气流的产生。此时,南疆盆地位于 θ_{se} 陡峭密集带上,说明冷、暖空气交换剧烈,根据倾斜涡度发展理论(吴国雄和刘还珠,1999),当 θ_{se} 面陡立,倾斜涡度剧烈发展,是强天气发展的重要机制(图 5.6)。

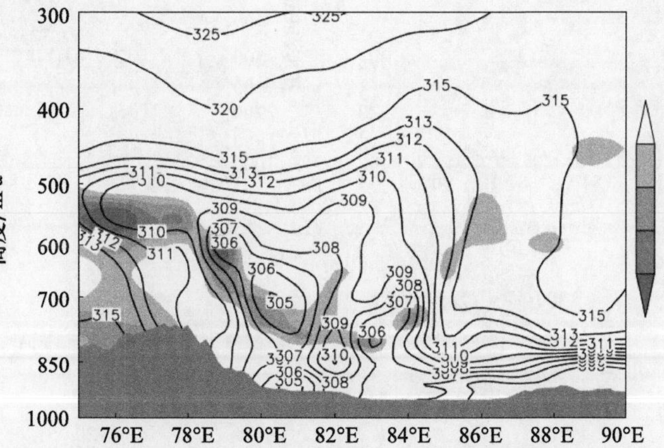

图 5.6　4 月 23 日 08 时 θ_{se}、θ_{se} 直减率纬向-垂直剖面(单位:K)

此次沙尘暴过程有倾斜涡度的发展,有一定的强对流特征。随着高空急流向东移,14 时后,大气的热力不稳定有所减弱,但轮台至焉耆一线,θ_{se} 线仍密集,表示冷锋侵入且近地层出现浅薄的辐散区,有弱下沉运动,有利于浮尘颗粒物在此沉降,从而使得此处沙尘暴天气继续维持。

5.1.3.4　温度平流及垂直环流

温度平流对于天气系统的发展非常重要,冷、暖空气的垂直运动是大气能量转换的重要方式,因而对温度平流、垂直环流、能量转换进行分析。定义平均单位截面的铅直气柱中的动能 $K=\frac{1}{g}\int_0^p \frac{v^2}{2}\mathrm{d}p$,位能 $P=\frac{1}{g}\int_0^p c_pT\mathrm{d}p$,其纬向动能、位能为算术平均。

沙尘暴前期,南疆盆地仅有弱的暖平流,无明显垂直运动,大气静稳。22 日夜间乌拉尔山冷槽东移，75°～79°E(阿克苏境外)温度平流和垂直运动加强，近地层至 200 hPa 为深厚的冷平流区，33×10^{-5} K/s 冷平流中心位于 650 hPa，有利于冷锋加强，冷平流区为下沉运动，冷空气从底部将锋前暖空气抬升至 300 hPa，与图 5.5 辐合区相对应，81°～83°N 近地层至 400 hPa 为强上升运动区，同时近地层由于有翻山冷空气和低压偏东风辐合，600 hPa 以下形成狭长的斜上升带，有利于沙尘上扬，出现扬沙。在 600 hPa 上有一条冷舌侵入阿克苏上空，中心强度为 9×10^{-5} K/s，造成阿克苏上空冷、暖气流交绥，锋区加强，中层干冷空气开始扰动，大气向不稳定状态发展(图 5.7a)。23 日 08 时，冷空气翻山下沉过程中绝热加热，冷平流强度减弱至 27×10^{-5} K/s，但中、低层冷、暖平流及梯度较前期加强，冷锋加强。高、低空流线密度加强，平均位能减小 4.6×10^{5} J，平均动能增加 3.5×10^{3} J，说明冷空气下沉、暖空气上升时大气出现能量转换，将位能向动能转换，同时，冷空气下沉也将高空风下传，最终阿克苏地面至中层风速均＞15 m/s，甚至地面出现 20 m/s 西北大风。此时 82°～83°E 上升运动减弱，而不稳定层结区 700 hPa 以下形成反气旋环流，造成此处上扬沙尘在此翻转，从而沙尘暴增强(图 5.7b)。14 时冷、暖平流强度和伸展厚度减弱，但有一支冷空气翻越巴州北部进入库尉盆地，巴州近地层有弱冷平流。此时阿克苏地面至 600 hPa 为上升区，至巴州后 850～700 hPa 转为下沉运动，造成平均位能减小 2.6×10^{5} J、平均动能增加 5.6×10^{3} J，位能在力管作用下进一步向动能转化。

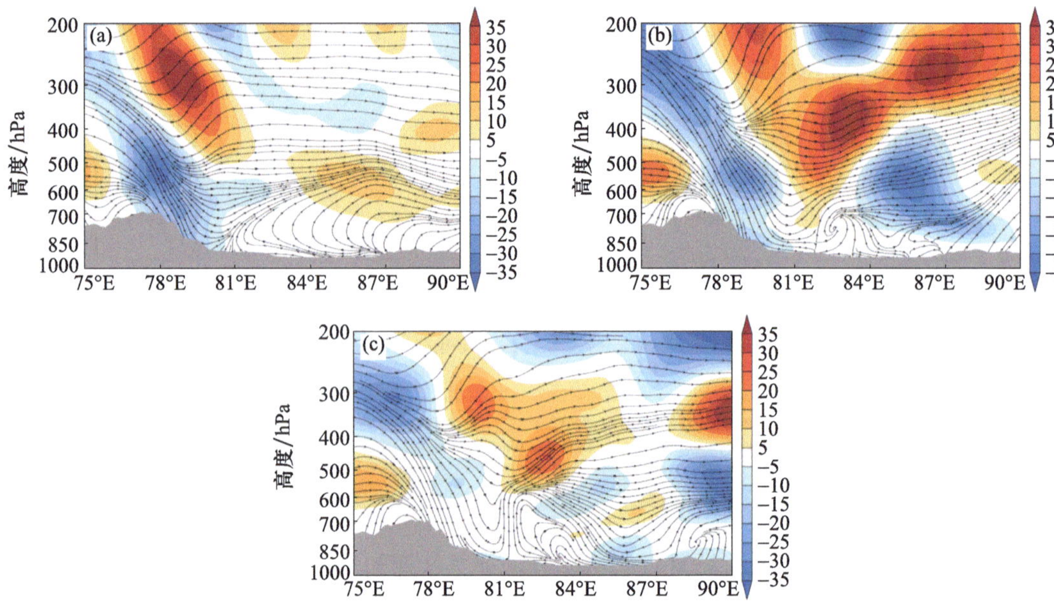

图 5.7　沙尘暴区域(41°N)流线、温度平流(色阶，单位：10^{-5} K/s)剖面

(a)23 日 02 时；(b)23 日 08 时；(c)23 日 14 时

上升运动有利于上游沙尘上扬和输送，下沉运动有利于将高空动量下传至低层造成地面大风，同时也有利于沙尘在此沉降，最终巴州地区沙尘暴增强(图 5.7c)。巴州垂直运动较浅薄，动量下传作用弱，锋后西北风速小，仅轮台、焉耆、和静风速≥10 m/s，其他地区风速为 4～6 m/s，说明巴州地区下垫面相对易起沙。

此次沙尘天气过程，冷平流引导高空低压槽、地面冷锋东移南压，冷、暖空气交绥既有利于锋生又造成大气斜压不稳定。同时，冷空气下沉、暖空气上升运动，力管作用将位能转换为动能，下沉支将高空动量下传至地面，引发地面大风、沙尘暴。

综上所述，干热、干冷空气剧烈交换使得近地层层结不稳定，激发热力对流，300 hPa 高空急流轴附近的辐散、辐合提供了动力抽吸，加强垂直运动，地面干热沙尘不断被卷入空中并输送。同时，极锋急流快速东移南下的过程中，位能向动能转化，风速增强，动量下传后强风速向中、低层及近地层延伸，风速加大，最终造成大范围沙尘天气(图 5.8)。

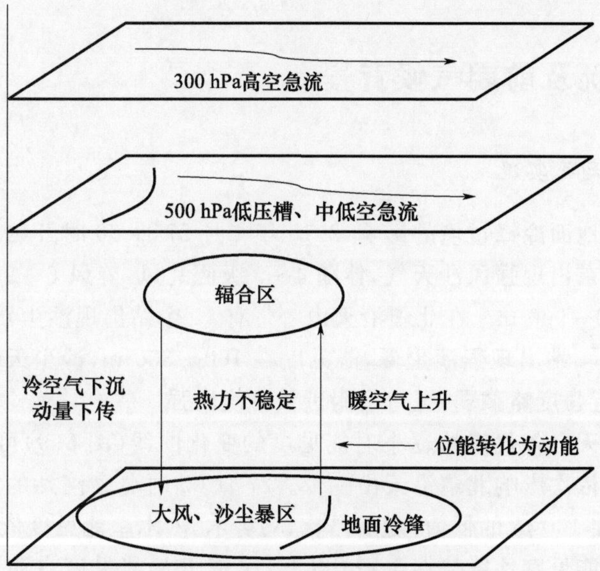

图 5.8 沙尘暴天气环流形势、动力特征

5.1.4 结论

综上所述，2014 年 4 月 23 日南疆盆地翻山型强沙尘暴天气的环流及动力结构有以下几个主要特征。

(1)东欧脊和巴尔喀什湖高压快速发展，强劲正负变高引导极地强冷空气爆发性南下，翻越天山进入南疆盆地，巴尔喀什湖冷高压与南疆暖低压间形成强气压梯度和变压梯度及地面冷锋，冷锋后大风和变压风造成了此次翻山型强沙尘暴天气，库尉盆地的中尺度热低压中风场辐合是形成尉犁黑风的主要原因。

(2)快速南下的 300 hPa 极锋急流是造成本次强沙尘暴的主要高空动力系统，沙尘暴出现在≥35 m/s 的强风速带内，通过动量下传，低空风速加强形成急流。强沙尘暴发生时间、地点、强度、移动路径与低空急流的入侵时间、强度、轴位置有密切关系，总体而言，高、低空急流是大范围沙尘暴发生的动力。

(3)高、低空急流轴附近大气辐散(合)运动增强，高空辐散、低层辐合的垂直结构，有利于动力抽吸，形成近地层大风和上升运动。本次沙尘暴过程中大气层结处于不稳定状态，斜涡发展有一定对流特征。

(4)通过对强沙尘暴落区纬向动力、热力结构垂直剖面分析，得出强沙尘暴天气的动力特征：沙尘暴前期，大气干热，当冷空气侵入时，冷、暖空气剧烈交换，近地层出现不稳定层结，产生热力对流；深厚的辐散辐合区与高空槽、地面冷锋的配合有利于上升运动，沙尘被卷入空中。随着高空急流进入，动力抽吸加强，低压槽前暖空气上升、槽后冷空气下沉，加剧大气斜压不稳定，在力管作用下，位能减小近 7.2×10^5 J，动能增加近 9×10^3 J，即位能向动能转换；高层动量、动能向下传递，最终造成地面风增大，沙尘暴天气爆发维持。

5.2 北疆 2015 年 4 月 27 日强沙尘暴分析

5.2.1 天气实况及前期气候背景

5.2.1.1 沙尘天气实况

受北方冷空气及地面冷锋过境的影响，2015 年 4 月 27 日 06 时开始乌苏至木垒一线的北疆沿天山一带自西向东出现强风沙天气，伴随 4～5 级西北风，阵风 6～9 级，极大风速达 17～28 m/s，能见度在 100～900 m。在北疆沿天山一带有 10 个站出现沙尘暴(表 5.2)，其中炮台、莫索湾、蔡家湖、奇台 4 站出现强沙尘暴，能见度在 100～300 m，沙尘天气在石河子附近强度最强，在乌鲁木齐附近强度略减弱，至奇台附近又一次增强。

通过分析北疆沿天山各代表站逐小时能见度的变化曲线(图 5.9)可以清晰地看到，沙尘暴沿自西向东的路径依次影响北疆沿天山一带。27 日 05 时莫索湾站的能见度骤降，在 07 时至 08 时能见度维持在 100 m 的低值，随后昌吉、乌鲁木齐、木垒能见度依次降低，至 10 时整个北疆沿天山一带站点能见度均维持在 1 km 以下，16 时开始能见度自西向东逐步转好。由此可见，此次沙尘暴天气的爆发性极强，传播速度极快，仅 4 h 就影响了整个北疆沿天山一带。

表 5.2　沙尘暴天气过程站点能见度、风速、持续时间

站名	最低能见度(km)	极大风速(m/s)	沙尘暴持续时间(h)	站名	最低能见度(km)	极大风速(m/s)	沙尘暴持续时间(h)
炮台	0.1	17.3	3	米东	0.9	13.5	1
莫索湾	0.1	16	5	乌鲁木齐	0.9	21.6	2
蔡家湖	0.2	18.3	5	吉木萨尔	0.8	28.7	1
呼图壁	0.8	20.7	2	奇台	0.3	25.4	7
昌吉	0.5	21.4	3	木垒	0.7	25	3

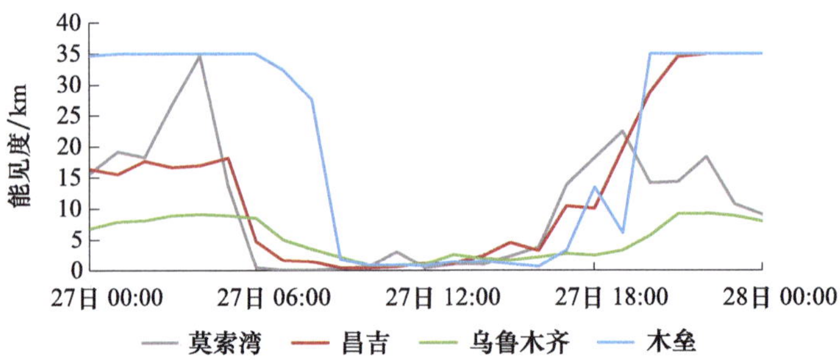

图 5.9　2015 年 4 月 27 日 00 时—28 日 00 时各站能见度变化

5.2.1.2 前期天气背景

本次沙尘暴天气发生前期，自中亚地区至贝加尔湖一线为宽广高压脊，新疆受较强的干暖

气团控制，25 日 08 时 700 hPa 气温升至 8 ℃，850 hPa 北疆准噶尔盆地气温升至 20 ℃。26 日北疆沿天山一带除木垒外，其余 15 个站最高气温达 30 ℃，蔡家湖、莫索湾等 4 站最高气温达 35 ℃，各站平均气温比历年同期高 6～9 ℃。同时，过程前一周内北疆沿天山一带没有降水，前期降水偏少、气温异常偏高的气候背景使得地表土壤湿度低，为大范围沙尘暴的产生提供了丰富的沙尘源条件。针对沙尘暴产生的环境背景研究指出，春季降水偏少，气温偏高的气候背景有利于沙尘暴天气产生。另外，北疆沿天山一带农业面积广阔，春季 4 月下旬正是大规模农事活动期，在耕地的过程中，土质比较疏松，附着力小，比一年内其余时间更易发生沙尘暴。

5.2.2 沙尘暴天气影响系统分析

5.2.2.1 高空环流形势特征

2015 年 4 月 26 日 08 时 500 hPa 高空图(图 5.10a)上，欧亚大陆中高纬度地区为两脊两槽形势，高压脊分别位于西欧和中西伯利亚高原，低压槽分别位于乌拉尔山地区和鄂霍次克海。极地冷空气自西欧高压脊前北风带汇入乌拉尔大槽，极锋锋区位于乌拉尔大槽底部 60°N 附近，并不断分裂短波槽东移。中纬度在黑海附近为高压脊，里海—咸海南部为中亚低压槽，副热带锋区位于中亚低压槽底部 35°N 附近，此时新疆受暖高压脊控制。伊朗副热带高压呈带状分布，588 dagpm 等值线平直分布在 28°N 附近。27 日 08 时(图 5.10b)西欧脊和黑海脊持续发展东移，推动巴尔喀什湖低压槽快速东移进入北疆地区，北疆沿天山一带沙尘暴天气大面积爆发。

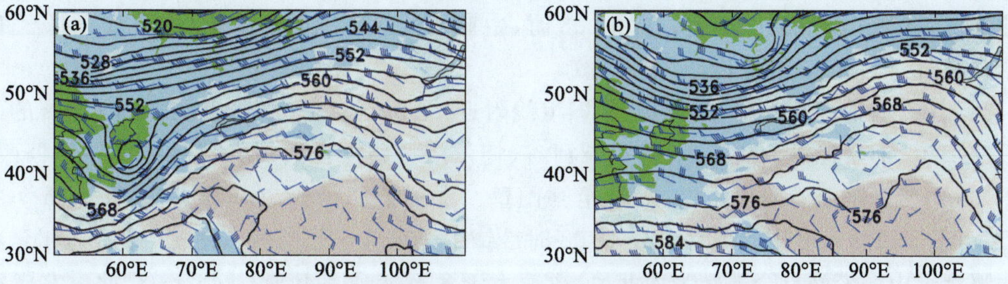

图 5.10 2015 年 4 月 26 和 27 日 500 hPa 形势

(a)2015 年 4 月 26 日 08 时；(b)2015 年 4 月 27 日 08 时

由上述分析可知，此次沙尘暴天气过程主要受南、北两支锋区汇合东移的影响。而研究表明，南、北急流带上两套波动叠加，使得高空槽在中亚呈加强南伸的形势，有利于大范围降水的产生。此次过程非但没有产生大范围降水，反而产生了大面积的沙尘暴，这与以往的研究成果有一定差异。通过分析此次过程的水汽条件，发现该过程中虽然两支锋区汇合为巴尔喀什湖低压槽东移进入北疆，但伴随巴尔喀什湖低压槽进入的冷空气水汽条件极差，不利于降水的产生。

5.2.2.2 低层风场特征

27 日 08 时起报的 ECMWF 细网格风场初始场上，700 hPa 偏西急流进入北疆西部，在塔城北部存在西北风和西南风的切变线，在昌吉州西部、东部及乌鲁木齐东部均有偏西风和偏南风的弱切变，表明冷空气已进入昌吉、乌鲁木齐地区，在昌吉州西部至乌鲁木齐一线由于地形作用，出现 20 m/s 西北急流(图 5.11a)。850 hPa 上，27 日 08 时乌苏至奇台一线均为强盛的西北急流，急流强度达 28 m/s,昌吉州东部有明显偏西风和偏南风的切变线(图 5.11b)。低层切变线和低空急流的出现,有利于冷、暖空气的交汇,有利于锋生和垂直上升运动,促进了沙尘暴的产生。

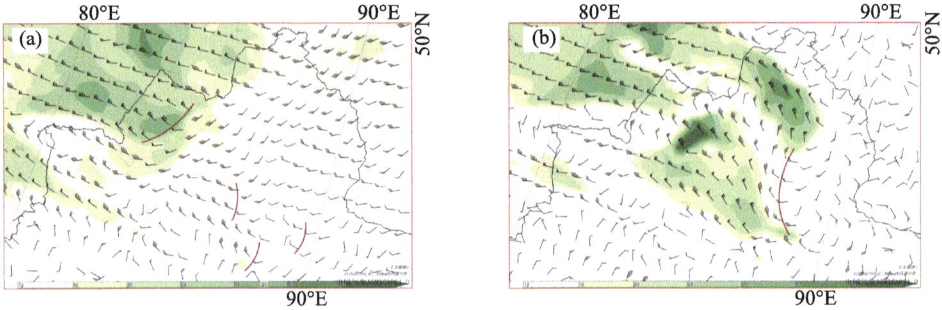

图 5.11　2015 年 4 月 27 日 08 时风场初始场,阴影区域为≥12 m/s 风速色阶(闵月 等,2017)

(a)700 hPa;(b)850 hPa

5.2.2.3　地面冷高及冷锋特征

在海平面气压图(图 5.12)上,26 日 20 时在北疆、南疆各存在一个低压中心:一个位于北疆沿天山一带,中心气压为 997 hPa;一个位于和田西部,中心气压为 994 hPa。在中亚地区存在一个高压中心,中心气压为 1026 hPa。根据中亚地区高压中心及北疆低压中心的变化可知,自 26 日 23 时至 27 日 05 时高、低压中心位置少动,中亚地区高压中心气压为 1032 hPa,北疆低压中心气压为 997 hPa,高、低压中心气压梯度达到 35 hPa。高、低压中心之间强气压梯度的维持,有利于梯度风的产生。27 日 08 时,中亚地区的高压明显北抬,中心气压降至 1030 hPa,冷空气进入北疆,北疆低压减弱消散。

26 日 23 时地面冷锋压在新疆西部国境线附近(图 5.12),阿拉山口站出现 16 m/s 的西北风。27 日 02 时冷锋进入北疆地区,伊犁河谷、博尔塔拉蒙古自治州大部分地区转为偏西风。27 日 05 时冷锋移至石河子附近,乌苏至呼图壁一线的北疆沿天山一带出现 6～8 m/s 西北风,石河子周边站点出现沙尘暴。27 日 08 时冷锋迅速东移至北疆偏东地区,锋后乌苏至木垒的北疆沿天山一带站点全部转为西北风,风速大于 8 m/s,局地风速为 14 m/s,此时北疆沿天山一带沙尘暴天气大面积爆发。地面冷锋的移动与大风、沙尘暴的产生有较好的对应关系,沙尘暴发生在地面冷锋后部的西北大风区内。

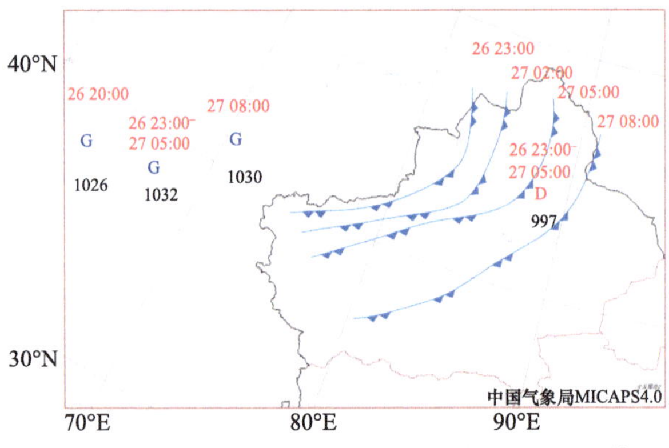

图 5.12　海平面气压中心值变化及冷锋移动路径(闵月 等,2017)

(2015 年 4 月 26 日 20 时—27 日 08 时)

5.2.2.4 3 h变压特征

根据地面3 h变压场(Δp_3)变化得知，在沙尘暴发生期间，随着地面冷锋的东移，地面Δp_3中心逐步东移，Δp_3中心值维持在＋9.0～＋10.0 hPa(表5.3)。当27日08时冷锋移至奇台时，冷锋后部的Δp_3值达到最大，为＋10.9 hPa。在27日05—08时$\Delta p_3 \geqslant 10.0$ hPa时，北疆沿天山一带站点出现了沙尘暴，这与钱莉等(2015)得出的结论一致。锋面附近的变压梯度增大，导致变压风增大，从而增强了沙尘暴强度。

表5.3 沙尘暴发生期间Δp_3变化

时间	冷锋位置	最大Δp_3(hPa)	变压中心位置
27日02时	乌苏	9.9	伊宁
27日05时	呼图壁	9.3	塔城
27日08时	奇台	10.9	昌吉
27日11时	哈密	10.1	奇台

5.2.3 气象物理量场分析

5.2.3.1 温度平流

贺哲(2012)对2006年3月末河南一次沙尘暴个例分析时指出，随着高空槽的快速东移，产生强烈的冷平流，根据气压倾向方程①和ω方程②可知，有冷平流时地面气压将上升，有暖平流时地面气压下降；在暖平流区有上升运动，冷平流区有下沉运动。因而冷、暖平流的急剧转化不但会引发地面气压骤变产生变压风，导致风力增大，而且还能在锋面附近激发出垂直运动，二者相结合，促进了湍流混合加强，成为将地面沙尘吹起上扬的有利条件。

分析此次沙尘暴天气发生期间925～200 hPa的温度平流，发现在26日20时自中层400 hPa至低层700 hPa在巴尔喀什湖低压槽后部70°E附近均受冷平流控制，在78°E低层850 hPa存在强冷平流中心，中心强度≤－100×10^{-5} K/s(图5.13a)。此时北疆沿天山一带中低层为弱冷、暖平流交汇区，有利于锋生和垂直运动。随着高空槽的快速东移，强冷平流进入北疆，北疆沿天山一带沙尘暴爆发。27日08时随着地面冷锋东移至昌吉州东部，低层850 hPa强冷平流中心东移至木垒上空，强度仍然维持≤－100×10^{-5} K/s(图5.13b)，表明冷空气前锋已经移过了北疆沿天山一带。强冷平流的侵入，增强了热力不稳定，激发垂直运动，从而引发了此次大风、沙尘暴天气。

---

① $\frac{\partial p_{z0}}{\partial t}=-\int_0^{\infty} g\left(u\frac{\partial \rho}{\partial x}+v\frac{\partial \rho}{\partial y}\right)\mathrm{d}z-\int_0^{\infty} g\rho\left(\frac{\partial u}{\partial x}+\frac{\partial v}{\partial y}\right)\mathrm{d}z$

② $\left(\sigma \nabla^2+f^2\frac{\partial^2}{\partial p^2}\right)\omega=f\frac{\partial}{\partial p}[\mathbf{V}_g\cdot\nabla(f+\zeta_g)]-\nabla^2\left[\mathbf{V}_g\cdot\nabla\frac{\partial \varphi}{\partial p}\right]-\frac{R}{c_p p}\nabla^2\frac{\mathrm{d}Q}{\mathrm{d}t}$

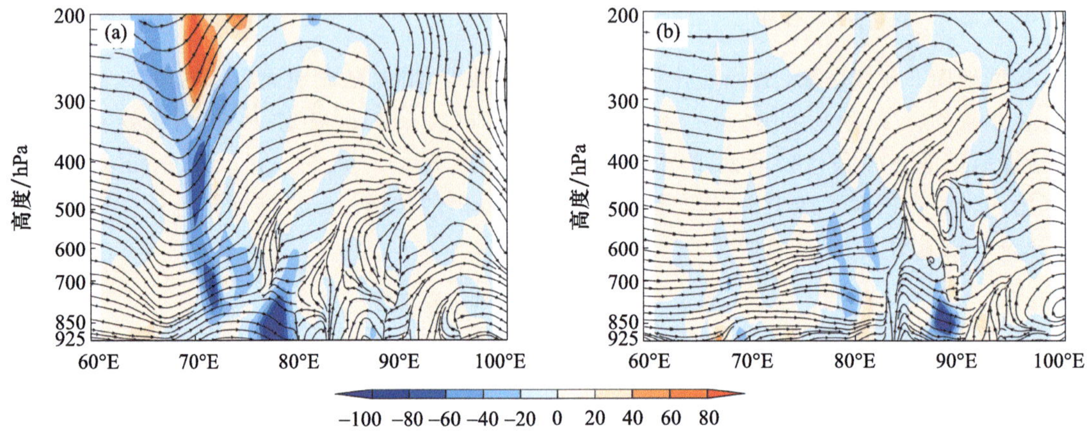

图 5.13　沿 44°N 温度平流垂直剖面(单位:10^{-5} K/s)

(a)2015 年 4 月 26 日 20 时;(b)2015 年 4 月 27 日 08 时

5.2.3.2　假相当位温

分析此次沙尘暴天气发生期间 925～200 hPa 的假相当位温场(θ_{se}),发现在 26 日 20 时由于巴尔喀什湖低压槽槽前干冷空气和北疆地区干暖空气交汇,在 80°E 以西地区形成等 θ_{se} 锋区,此锋区随着高度向上向西倾斜,坡度较大。北疆沿天山一带为 315～325 K 的高值区,巴尔喀什湖附近为 300～305 K 的低值区,低值区内对应低层西风急流,风速在 20～32 m/s。锋区位置与地面冷锋位置基本一致。27 日 02 时随着冷空气的东移,等 θ_{se} 锋区东移至新疆西部国境线处,锋区倾斜度增大(图 5.14a)。在 86°E 附近出现了"漏斗"形,说明此阶段对流层低层的气旋性涡度显著增长。27 日 08 时等 θ_{se} 锋区东移至石河子附近,等 θ_{se} 锋区坡度继续增大,925～600 hPa 锋区陡立,前部出现 20～24 m/s 偏北急流(图 5.14b)。由于假相当位温锋区的强迫抬升作用,当地面冷锋移进北疆时,触发了不稳定能量的释放,导致大风、沙尘暴天气的发生。

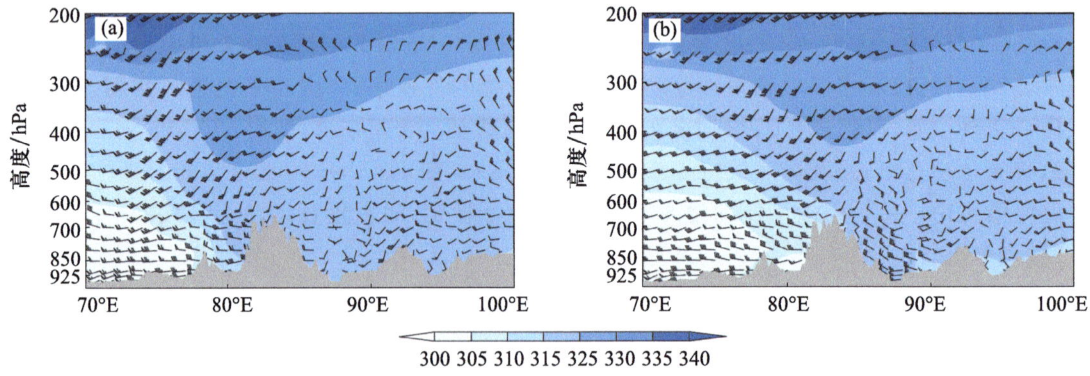

图 5.14　沿 44°N 假相当位温垂直剖面(单位:K,下部阴影为地形)

(a)2015 年 4 月 27 日 02 时;(b)2015 年 4 月 27 日 08 时

5.2.3.3 高、低空急流

分析此次沙尘暴天气发生期间925～200 hPa的等风速场，发现在26日08时沿44°N高空急流强度明显增强，在66°E附近300 hPa上出现≥50 m/s的西南急流(图5.15a)。此时北疆地区风速较小，自地面至200 hPa风速值均小于10 m/s。26日20时高空西南急流中心强度维持50 m/s，强风速带逐步向中、低层延伸至850 hPa，近地面至850 hPa出现≥30 m/s的低空西风急流(图5.15b)。27日02时随着低压槽的东移，高空西南急流东移至77°E，强度增强到55 m/s，此时25 m/s低空西风急流进入北疆，并迅速东移(图5.15c)。27日08时低空转为西北急流，并迅速东移扫过北疆沿天山一带(图5.15d)，对应沙尘暴天气爆发。此次沙尘暴天气的爆发，伴随着高空300 hPa西南急流的增强以及低空西北急流的快速东移。中、高空急流强盛，高空锋区增强，有利于低层风速的增大。

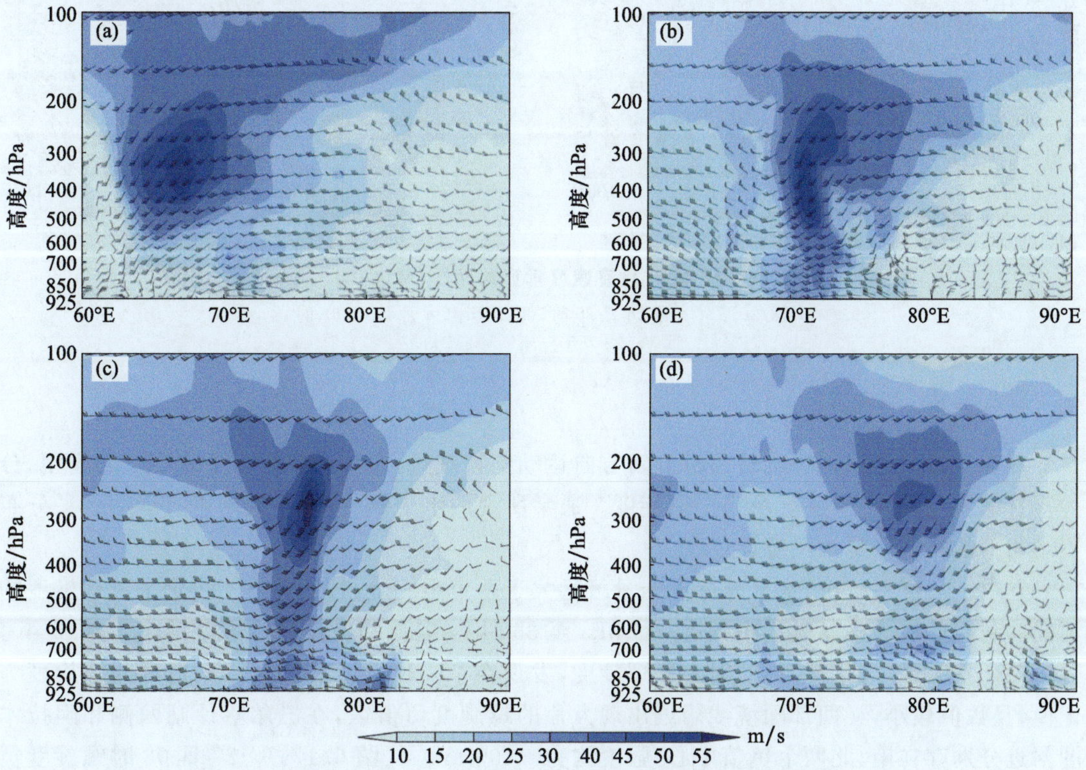

图5.15 2015年4月26—27日沿44°N等风速线垂直剖面(单位:m/s)

(a)26日08时;(b)26日20时;(c)27日02时;(d)27日08时

5.2.3.4 垂直运动

分析此次沙尘暴天气发生期间925～200 hPa的垂直速度场，发现沙尘暴天气发生前，在26日20时对应地面冷锋附近，在83°～87°E范围内自925 hPa至300 hPa均为上升运动，上升运动中心分别位于600 hPa和700 hPa(图5.16a)，600 hPa上升运动中心位于84°E，垂直速度≥30×10^{-2} m/s，700 hPa上升运动中心位于86°E，垂直速度≥20×10^{-2} m/s。上升运动区西侧，88°～89°E整层为强下沉运动，下沉运动中心位于700 hPa，垂直速度≥20×10^{-2} m/s。

沙尘暴天气发生时，27 日 08 时上升运动区东移至石河子以东的北疆沿天山一带，存在两个上升运动大值中心，分别位于 700 hPa 和 850 hPa，强度明显增强(图 5.16b)。700 hPa 上升运动中心位于 85°E，垂直速度≥30×10^{-2} m/s，850 hPa 上升运动中心位于 88°E，垂直速度≥50×10^{-2} m/s。在上升运动区两侧，84°E 附近以及 92°～95°E 对应下沉运动区。对垂直运动的分析表明，在本次沙尘暴天气过程中，除了有水平风的作用外，还有局地的上升运动，加大了垂直方向上空气的扰动和流动。虽垂直方向上风速不大，但局地上升气流的存在有利于沙尘暴的出现和发展。

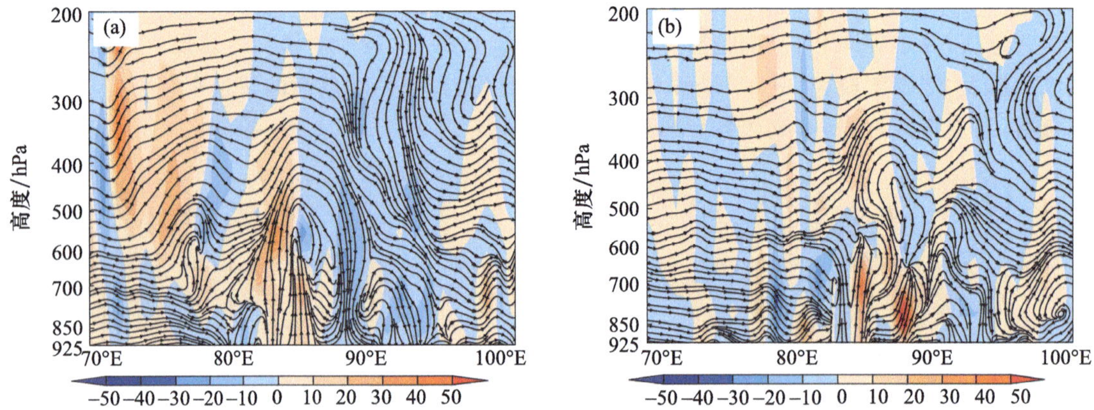

图 5.16 沿 44°N 垂直速度垂直剖面图(单位：10^{-2} m/s)

(a)2015 年 4 月 26 日 20 时，(b)2015 年 4 月 27 日 08 时

5.2.3.5 螺旋度

螺旋度是表征流体边旋转边沿旋转方向运动的物理量，在沙尘暴分析中有广泛的应用，分为垂直螺旋度、水平螺旋度及完全螺旋度。通常所说的水平螺旋度，是忽略垂直运动水平分布不均匀下的相对风暴水平螺旋度①。

在中小尺度系统中，水平螺旋度的量级远大于垂直螺旋度，较大程度上决定了总螺旋度的情况。利用此次沙尘暴过程中低层 600 hPa 至 850 hPa 各层的格点分析场资料计算 2015 年 4 月 26 日 20 时至 4 月 27 日 20 时水平螺旋度，发现在 27 日 02 时北疆大部分地区的螺旋度为正值，且数值较小，在西部国境线附近出现大片的螺旋度负值区，在巴尔喀什湖西侧和阿拉木图附近分别存在南、北两个负值中心，强度均为 -100 m^2/s^2(图 5.17a)。27 日 08 时螺旋度负值区东北移至北疆北部和准噶尔盆地，负值中心位置移至克拉玛依附近，负值中心强度增强至 -300 m^2/s^2，对应北疆沿天山一带沙尘暴天气爆发(图 5.17b)。水平螺旋度负值中心的增强，表明近地层西北风风速增大，加大了水平方向上空气的扰动和流动，水平方向上容易起沙，进而促进了沙尘暴的产生。这与李岩瑛等(2012)对水平螺旋度与沙尘暴的关系研究结果一致。通过分析得知，此次沙尘暴过程水平螺旋度的分布对沙尘暴预报有较好的指示意义。

---

① $A_{he}=\int_0^h (V-C)\cdot\omega \mathrm{d}z$

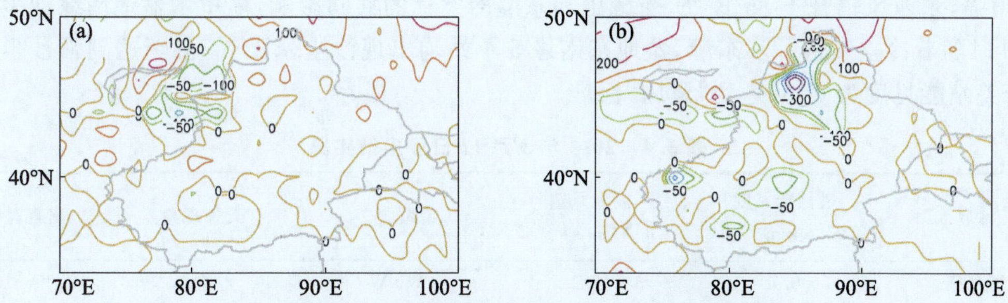

图 5.17　水平螺旋度场(单位：m^2/s^2)(闵月 等，2017)

(a)2015 年 4 月 27 日 02 时；(b)2015 年 4 月 27 日 08 时

5.2.4　结论

(1)在前期降水偏少、气温异常偏高的气候背景下，500 hPa 乌拉尔山低压槽分裂的短波槽与中纬度锋区上中亚低压槽汇合东移、700 hPa 和 850 hPa 低空急流增强和切变线的维持、地面冷锋过境以及 $\Delta p_3 \geqslant 10.0$ hPa 的共同作用造成了此次沙尘暴天气。

(2)地处古尔班通古特沙漠南缘、暖干气候造成地表土壤湿度低和农事活动造成土质疏松、附着力小，共同为沙尘暴提供了沙源。中层(400 hPa)至低层(700 hPa)强冷平流的入侵加大了热力不稳定；假相当位温锋区的强迫抬升作用，触发了不稳定能量的释放；高空(300 hPa)西南急流的增强以及低空西北急流的快速东移，为本次沙尘暴提供了充足的动力；水平方向上西北风风速增大和局地上升运动的共同作用，加大了空气的扰动和流动，进而促进了沙尘暴的产生和发展。

(3)通过分析环流动力结构配置，表明此次沙尘暴天气发生在地面冷锋后部西北大风区内、Δp_3 中心前部、850 hPa 强冷平流前部以及 850 hPa 强上升运动区内。$\Delta p_3 \geqslant 10.0$ hPa、水平螺旋度 $\leqslant -300$ m^2/s^2 对沙尘暴天气的预报有较好的指示意义。

5.3　2011 年 3 月 12 日塔里木盆地强沙尘暴数值模拟

5.3.1　沙尘暴天气分析

5.3.1.1　天气实况

2011 年 3 月 12 日白天到夜间南疆盆地大部分地区相继出现了大风、扬沙及沙尘暴天气(表 5.4)。17 站出现大风，吐尔尕特瞬间最大风速达 31.5 m/s。18 个站出现扬沙，12 个站出现沙尘暴，其中 4 站为强沙尘暴。强沙尘暴主要集中在塔里木盆地的中东部，持续时间 5～7 h，沙尘暴最强时段出现在 12 日 17 时至 23 时。本次沙尘暴天气可以清楚地看到冷空气翻山和东灌两种过程。12 日 08 时起冷空气部分翻越天山进入南疆盆地，南疆西部喀什出现 7 级左右的瞬时西北大风；11 时前后南疆沿天山一线喀什、阿克苏、库车、库尔勒的西北风开始逐渐加大，盆地部分地区出现扬沙；14 时开始受冷空气翻山和东灌的共同影响，阿克苏、库尔勒、铁干里克先后出现沙尘暴，南疆盆地出现大范围扬沙，盆地东部转为偏东风；17 时盆地东部的偏东风增强，东西风辐合于 85°E 处，受翻山和东灌冷空气的共同影响，塔里木盆地南缘沙尘暴加剧；20 时随着冷空气进一步东灌，盆地东南缘 5 个站均出现沙尘暴天气，甚至达到强沙尘暴标准，若羌站能见度为 0 m，达到"黑风"标准。

表 5.4　2011 年 3 月 12 日沙尘暴实况

站名	最低能见度 (km)	极大风速 (m/s)	风向	天气现象	出现时间
阿克苏	0.7	19.1	WNW	沙尘暴	12:30—13:14
新和	1	18.0	N	沙尘暴	15:16—15:34
沙雅	1	17.9	N	沙尘暴	16:04—16:34
阿瓦提	0.7	18.0	NW	沙尘暴	12:15—12:19
阿拉尔	0.6	16.4	NE	沙尘暴	18:20—20:12
库尔勒	0.7	21.5	NE	沙尘暴	11:50—11:58
轮台	0.6	15.9	N	沙尘暴	17:12—18:40
铁干里克	0.7	18.4	N	沙尘暴	11:45—19:33
塔中	0.3	15.2	NNE	强沙尘暴	18:48—23:45
若羌	0.0	19.2	ENE	特强沙尘暴	16:58—23:09
且末	0.7	17.1	SW	沙尘暴	16:06—16:20
民丰	0.2	13.0	WNW	强沙尘暴	16:20—23:13

5.3.1.2　高空、地面形势分析

这次塔里木盆地沙尘暴天气过程是一次北疆寒潮强冷空气翻山和东灌两种形式侵入南疆盆地的背景下产生的。

沙尘暴发生前欧亚范围中高纬度 500 hPa 环流形势为两槽两脊的经向环流，乌拉尔山至西西伯利亚地区对应强的北风带和强锋区，冷空气堆积在乌拉尔山南端。3 月 11 日 08 时(图 5.18a)欧洲脊快速东移至乌拉尔山，乌拉尔山脊顶东伸引导冷空气继续向南堆积，强锋区南下至 45°N；11 日 20 时乌拉尔山脊前北风带强度进一步增强，最强风速达 34 m/s，强锋区压进北疆，西西伯利亚低压槽后正变高中心强度＋24 dagpm，槽前负变高中心－12 dagpm，正、负变高轴向呈西北—东南向，预示该低压槽东南下；中低层 700～850 hPa 显示冷空气沿 75°E 南下在巴尔喀什湖南侧到新疆西边境有明显的锋生过程，帕米尔高原西侧等温线水平梯度增大，10 个纬距内 2 条等温线加密至 8 条，锋生加剧。12 日 08 时(图 5.18b)里海—咸海脊与中高纬乌拉尔山脊同位相叠加，环流经向度加大，高空锋区进入南疆盆地。逐日环流演变趋势呈现出中高纬度高压脊有规律的东移，西西伯利亚低压槽稳定维持，高空强锋区不断南压，脊前北风带引导冷空气向南爆发。地面高压最早出现在欧洲大陆，中心强度 1036.5 hPa(图 5.18c)。随着北方冷空气的不断南下，西西伯利亚高压中心逐步增强，11 日 20 时高压中心增强至 1040 hPa，冷锋前沿到达北疆沿天山一线，冷锋后出现大范围明显的增压、降温区，锋后最大 3 h 变压为＋7.2 hPa。12 日 08 时(图 5.18d)，地面冷锋逼近天山山区，巴尔喀什湖北侧 1045 hPa 高压主体与盆地强烈发展的 1002.5 hPa 热低压形成南北对峙，气压梯度爆发性增强。随着冷锋的移动，冷空气先从南疆中、西部翻山，随后东灌进入南疆盆地，导致大风、沙尘暴天气。冷锋的入侵是造成南疆偏北大风和偏东风的直接原因，也是沙尘暴的诱发因素之一。西西伯利亚地面冷高压强烈发展是这次沙尘暴天气产生的重要地面天气系统，强烈的气压梯度和变压梯度使冷空气加速运动。

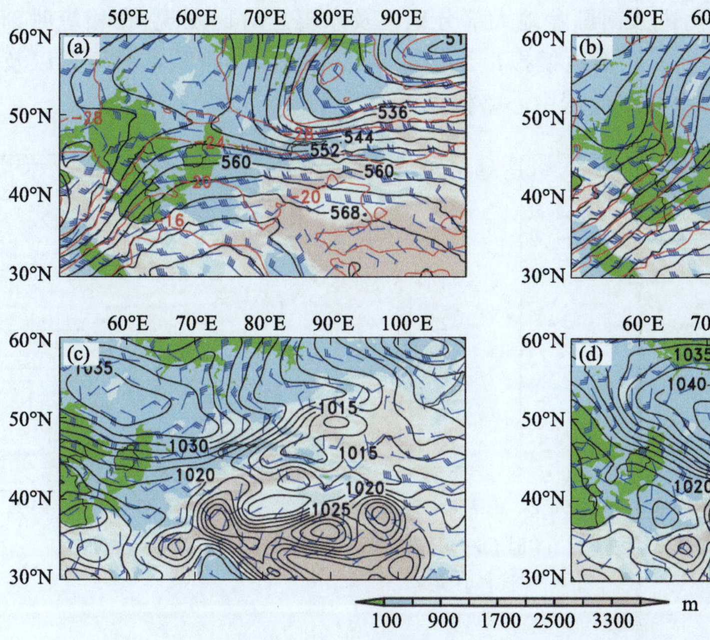

图 5.18　2011 年 3 月 11 沙尘暴过程高低空形势图

500 hPa 高度场和风场：(a)2011 年 3 月 11 日 08 时；(b)2011 年 3 月 12 日 08 时

海平面气压场和 850 hPa 风场：(c)2011 年 3 月 11 日 08 时；(d)2011 年 3 月 12 日 08 时

5.3.2　模式与资料简介

本次数值模拟试验采用 CMA V3.1 模式对沙尘暴过程进行模拟。CMA 是中国气象科学研究院数值预报研究中心的科研成果(陈德辉和沈学顺，2006；胡江林 等，2007)，试验采用的方案是：水平分辨率 0.15°×0.15°，约 15 km，格点数 201×141，垂直方向有 26 层，逐小时输出。初始和边界场采用 GFS 分析场资料。模式时间积分采用 CMA 非静力半隐式半拉格朗日方案。降水方案采用显式降水与隐式降水一并考虑，其中显式降水为 NCEP 3 级简单冰方案。辐射传输采用 Duhia 短波辐射方案与辐射快速传输方案(RRTM)。近地面层采用 Monin-Obukhov 方案。陆面过程采用热扩散模式。边界层采用 MRF 方案。积云对流参数化采用 Kain Fritsch 方案。

因为沙尘暴过程在 3 月 12 日最强，模拟时段选取为 2011 年 3 月 11 日 20 时—13 日 08 时，共 36 h，时间步长 600 s，每隔 1 h 输一次模拟结果。所用实况格点资料是 NCEP(1°×1°，6 h 间隔)，站点资料使用中国气象局的自动气象站观测资料。

5.3.3　模拟结果分析

5.3.3.1　500 hPa 动力协调性检验

在 3 月 12 日 08 时的实况图(图 5.19a)上，西西伯利亚低压槽位于巴尔喀什湖南侧到北疆西部，呈东东北—西西南走向，在槽前有一支 14 m/s 的强西风带压在北疆沿天山一线，高空槽开始影响北疆北部及南疆盆地西侧。随着高空槽向东南方向移动，槽前西风转为西西南风控制在 40°N 附近，强冷空气翻山进入南疆盆地大部分地区及东疆。对比发现，在相应时刻的模拟图(图 5.19b)上，数值试验比较准确地模拟出了该高空槽系统和强西风带的位置以及移动路径，只是低压槽在移动过程中模拟低压中心略偏强 1 hPa。

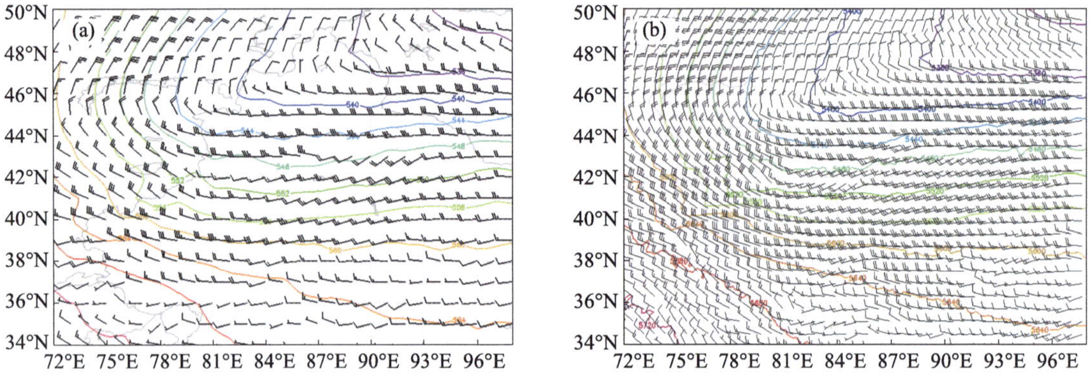

图 5.19 2011 年 3 月 12 日 08 时 500 hPa 位势高度(贾丽红 等,2012)

(a)实况;(b)模拟

5.3.3.2 风场模拟

这场沙尘暴天气分两个阶段，南疆地区先是翻山的西北风，再是东灌的偏东风。图 5.20 是模拟积分 15、19、22、27 h 的细网格区域近地面层风矢量的演变，可以清楚地看到沙尘暴爆发各个时段地面大风的变化情况。

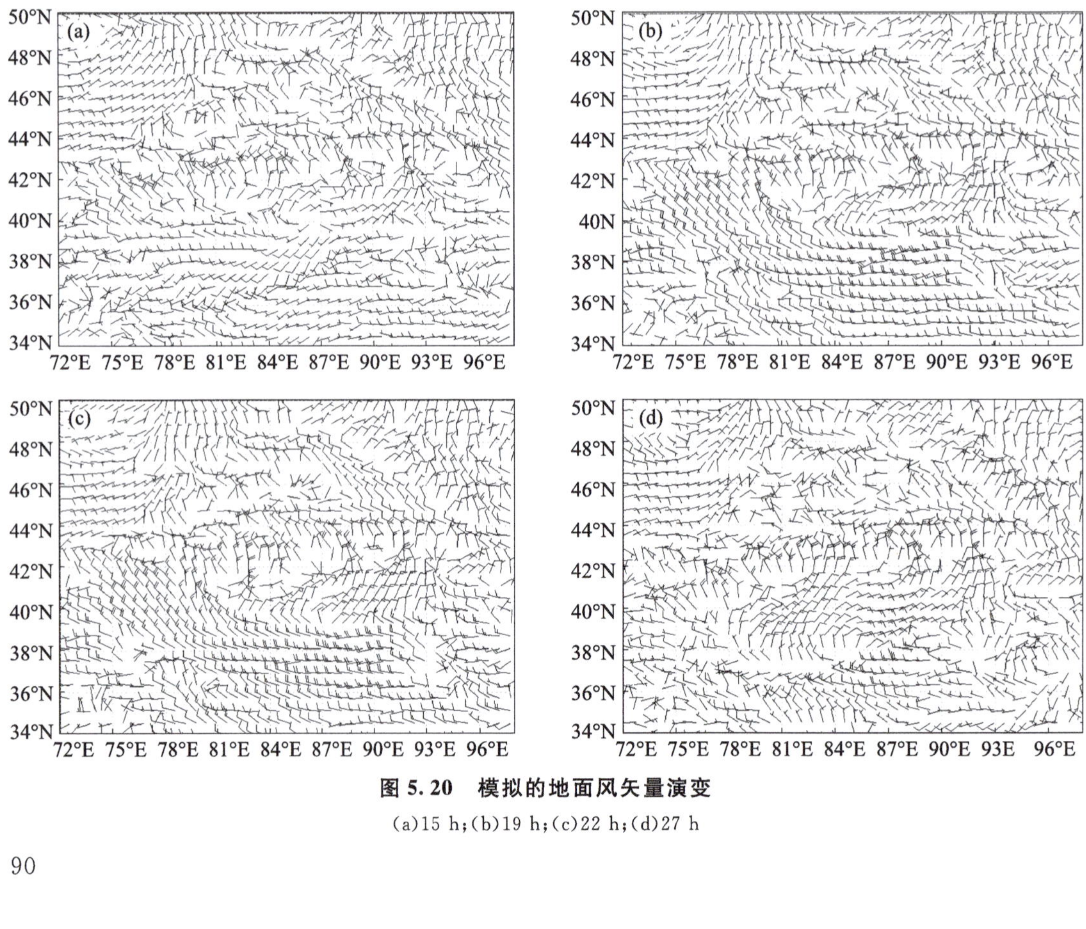

图 5.20 模拟的地面风矢量演变

(a)15 h;(b)19 h;(c)22 h;(d)27 h

模拟 15 h(图 5.20a)，南疆大部分地区受偏西气流控制，巴州北部为弱的偏东风。模拟 17 h 开始，冷空气翻越天山进入南疆盆地，南疆西北风速增大，阿克苏地区开始出现沙尘暴天气。模拟 19 h(图 5.20b)，沙漠腹地气流呈气旋式流型，随着冷槽继续向东南移动，气旋式流型表现得越来越明显。在若羌附近出现了气旋性闭合环流，这是造成沙尘暴的中尺度低压系统。模拟 22 h(图 5.20c)，沙尘暴爆发盛期，沙漠南缘西风明显增强，沙漠南缘的西风明显加强，沙尘暴区域在增大。模拟 25 h 后，沙漠南缘西风带强度和范围都减弱，但东灌进入南疆东部的冷空气在加强，东北风转为东风。模拟 27 h(图 5.20d)，低压槽东移至南疆西部，风速减小，西部沙尘暴天气结束。在沙漠东南部且末附近，由于东灌风力增大，东西风切变加剧，造成沙漠东南部几个站出现强沙尘暴。模拟 29 h，东风减小，沙尘暴减弱为浮尘。上述分析可以说明，沙尘暴爆发过程中风速是相当强的，沙尘暴的发生是与中尺度低压相伴随。南疆沙尘暴天气有翻山风及东灌风两种形式，对于这场沙尘暴天气，南疆西部是翻山风造成，而南疆盆地东南部是由翻山风及东灌风共同影响产生的，而这种沙尘暴强度更强。

取新疆且末气象站(38.15°N，85.55°E)地面实况风场(图 5.21)与模拟结果进行对比，图中风矢量代表且末站 3 月 12 日 08—22 时地面实况风向风速。可以看出，08—13 时且末站为西南风，14—20 时由西风转为北风，21 时后风向转为偏东。与风场模拟结果中的对应时刻风向、风速基本吻合，但在风速上比实况风略弱。

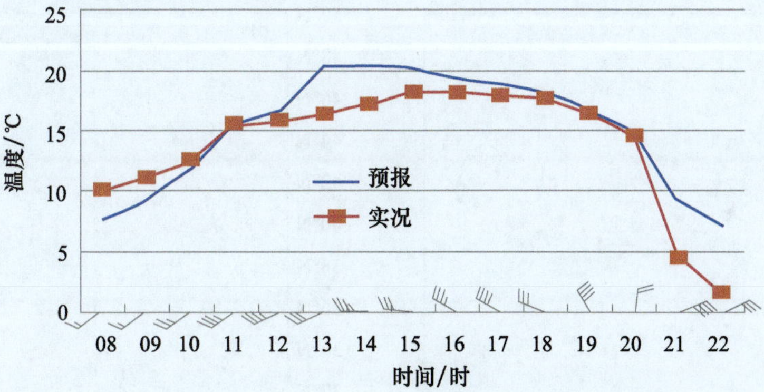

图 5.21　2011 年 3 月 12 日 08—22 时且末气象站地面温度和风演变

(风矢为风场实况)

5.3.3.3　地面温度模拟

这场沙尘天气是由冷锋的入侵所造成，地面温度的变化可以反映冷锋的过境时间。选取这次沙尘天气过程中出现两段沙尘暴天气现象的且末站作模拟与实况地面温度的对比分析。图 5.21 中实况线为且末站 3 月 12 日 08—22 时的实况地面温度，实线为模式对应时次的预报结果，可以看出：模式对地面温度的模拟效果基本理想，尤其是 11 时前的升温及 20 时后的降温趋势变化都有比较好的预报，但在 12—16 时且末第一次沙尘天气来临前的升温，预报比实况明显偏高。由表 5.4 可以看到，且末站在 16 时出现了短暂的沙尘暴天气，图 5.21 中对应时刻且末站是升温过程，并且风向为西北风，说明这次沙尘为翻山风造成。且末站在 20 时后出现了持续近 4 h 的强沙尘暴天气，对应时段温度骤减，风向由北转为东，说明第二次沙尘暴时段为翻山和东灌风，而且是冷锋主体过境，造成本站降温。

5.3.4 位涡的水平分布

位势涡度是表示气块热力和动力属性特征的一个物理量，它将动力和热力两种不稳定机制结合在一起。高位涡区对应气旋性的环流，低位涡对应反气旋环流。当对流层高层的高位涡扰动向下伸展时，在对流层低层及地面的斜压区会激发出气旋。

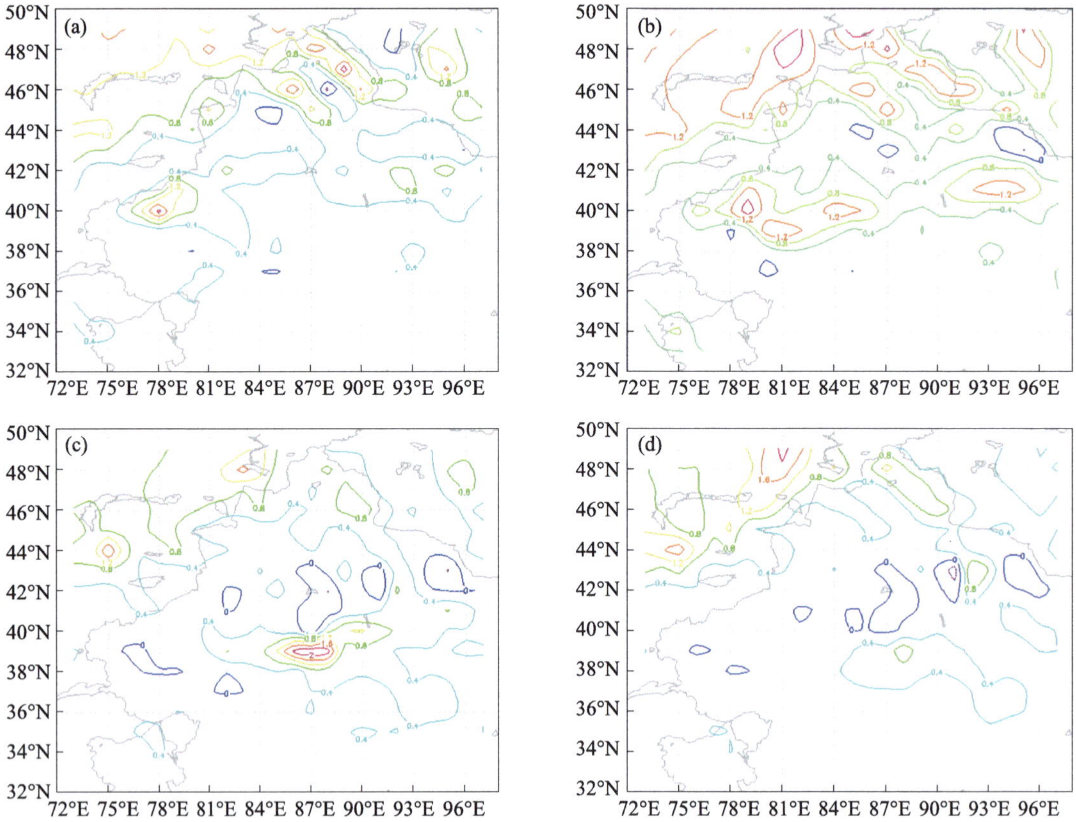

图 5.22 850 hPa 位势涡度水平分布（模拟起点为 2011 年 3 月 11 日 20 时，单位：PVU）（摘自贾丽红等 2012）

(a)17 h;(b)19 h;(c)23 h;(d)29 h

图 5.22 是积分 17、19、23、29 h 对流层低层 850 hPa 等压面上位势涡度的水平分布。从图中可以看出，模拟 17 h（图 5.22a），在阿克苏西部有一个位涡大值区，中心强度为 2.0 PVU，与中尺度低压中心吻合，此时对应在阿克苏附近有沙尘暴产生。模拟 19 h（图 5.22b），位涡大值中心范围扩大并东移，中心强度减弱为 1.2 PVU，对应南疆西部及北部的沙尘天气。模拟 23 h（图 5.22c），位涡大值中心东移至南疆腹地，中心强度增强为 2.2 PVU，对应位涡大值中心西部的且末出现强沙尘暴天气。模拟 25 h，位涡大值中心东移，造成若羌“黑风”。模拟 27 h 后，位涡中心西退，亦造成塔中的强沙尘暴天气以及且末的第二次强沙尘天气。模拟 29 h（图 5.22d），位涡中心减弱为 0.8 PVU 并东移，沙尘暴天气结束。

可见，与沙尘暴爆发相联系的中尺度低压处于位涡大值区；强沙尘暴区中心位于位涡大值中心西侧的正值区内，而不是位于位涡大值中心。位涡的正值区反映了冷空气和气旋性环流的活动，这表明地面冷空气和地面辐合场在沙尘暴天气形成中的重要作用。

5.3.5 螺旋度特征分析

螺旋度是沙尘暴天气预报中的一个重要物理量(张平 等,2003;陶健红 等,2004;岳平 等,2007),它可以用来衡量风暴入流强弱以及沿入流方向上涡度分布状况的参数。它不仅能表征流体旋转,而且反映了流体沿旋转方向运动的动力特征,是一个反映强对流天气系统动力条件的重要物理参数①。

图 5.23 是模式积分 17、19、23、29 h 的细网格区域沿沙尘暴中心区所在纬度(39°N)作的局地螺旋度纬向垂直剖面,可以看到在沙尘暴爆发各个时段沙尘暴区上空螺旋度的分布特点。模拟 17 h(图 5.23a),螺旋度在中高层 800～500 hPa 开始出现负值区,中心值为-20×10^{-7} m²/s²,低空有弱的正值。在 81°E 附近整层都为正值,这正是南疆西部沙尘暴的爆发时间。模拟 19 h(图 5.23b),是主体沙尘暴爆发前,螺旋度在 600～400 hPa 负值区加强,中心值为-70×10^{-7} m²/s²,负值区高度增加;低层 800～600 hPa 正螺旋度增大到20×10^{-7} m²/s²。模拟 23 h(图 5.23c),是沙尘暴发展最强时,螺旋度负值中心,低层形成较强 700～800 hPa 的正螺旋度中心,中心值为120×10^{-7} m²/s²。模拟 29 h(图 5.23d),是沙尘暴结束时间,高低层螺旋度正负中心都减弱。

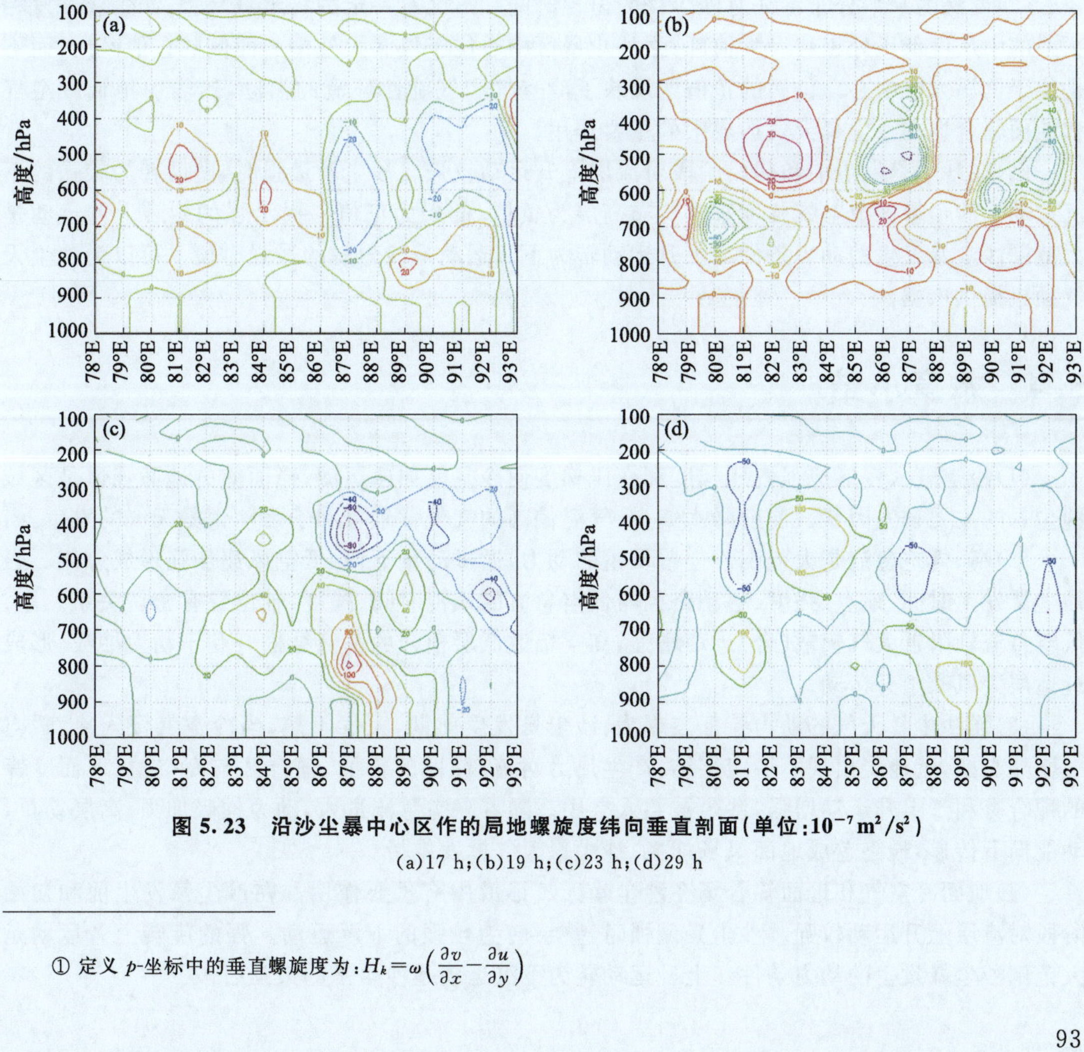

图 5.23 沿沙尘暴中心区作的局地螺旋度纬向垂直剖面(单位:10^{-7} m²/s²)

(a)17 h;(b)19 h;(c)23 h;(d)29 h

① 定义 p-坐标中的垂直螺旋度为:$H_k=\omega\left(\frac{\partial v}{\partial x}-\frac{\partial u}{\partial y}\right)$

以上分析表明,沙尘暴发生区上空螺旋度的垂直分布特征是:在沙尘暴发生前和初始阶段对流层上升运动较强。沙尘暴最强时,整层转为较强的下沉运动,这种垂直结构的分布特征表明,沙尘暴发生前由于强烈的上升运动把沙尘带到中空,而强的下沉运动又使沙尘大量沉降,上升运动转为下沉运动是沙尘暴的最强时段。

5.3.6 结论

通过对 2011 年 3 月 11—12 日的强沙尘暴过程进行天气分析,并利用 CMA 中尺度数值模式对强沙尘暴过程进行数值模拟及物理量诊断分析,得到以下结论。

(1)冷锋的入侵是造成南疆偏北大风和偏东风的直接原因,也是沙尘暴的诱发因素之一。西西伯利亚地面冷高压强烈发展是这次沙尘暴天气产生的重要地面天气系统。强气压梯度和变压梯度使冷空气加速运动。

(2)数值模拟表明,CMA 中尺度模式对高空槽、西风带、地面温度等强沙尘暴主要影响系统发生、发展及强度模拟效果较好,能较准确地模拟出强沙尘暴过程的动力结构。对于这次南疆沙尘暴天气,西部是翻山风造成,而南疆盆地东南部是由翻山风及东灌风共同影响产生的,这种沙尘暴强度更强,中尺度模式对两个阶段地面风场的模拟效果也很好。

(3)位涡的水平分布特征对沙尘暴的出现时间和落区有一定的指示意义;与沙尘暴爆发相联系的中尺度低压处于位涡大值区;强沙尘暴区中心位于位涡大值中心西侧的正值区内,而不是位于位涡大值中心。位涡的正值区反映了冷空气和气旋性环流的活动,这表明地面冷空气和地面辐合场在沙尘暴天气形成中的重要作用。

(4)在沙尘暴发生前和初始阶段对流层上升运动较强。沙尘暴最强时,整层转为较强的下沉运动。沙尘暴区上空螺旋度垂直分布高层为负值,低层为正值。揭示强的旋转上升运动是大范围沙尘暴发生的动力条件。上升运动转为下沉运动是沙尘暴的最强时段。可以为沙尘天气预报提供依据。

5.4 本章小结

(1)冷空气入侵形成强气压梯度和变压梯度使冷空气加速运动,锋面前的地面强风是区域沙尘暴的主要诱发因素。前期降水偏少、气温偏高的气候背景有利于强沙尘暴天气的发生。

(2)高、低空急流是大范围沙尘暴发生的动力,通过动量下传,低空风速加强形成急流。强沙尘暴发生时间、地点、强度、移动路径与低空急流的入侵时间、强度、轴位置有密切关系。高、低空急流轴附近大气辐散(合)运动增强,高空辐散低层辐合的垂直结构有利于动力抽吸,形成近地层大风和上升运动。

(3)强沙尘暴天气的动力特征表现为:沙尘暴发生前期,大气干热,当冷空气侵入冷、暖空气剧烈交换,近地层出现不稳定层结,产生热力对流;深厚的辐散、辐合区与高空槽、地面冷锋的配合有利于上升运动增强,沙尘被卷入空中。随着高空急流进入,动力抽吸加强,高层动量、动能向下传递,最终造成地面风场加大,沙尘暴天气爆发维持。

(4)地面冷空气和地面辐合场在沙尘暴天气形成中有重要作用。在沙尘暴发生前和初始阶段对流层上升运动较强。沙尘暴最强时,整层转为较强的下沉运动。强的旋转上升运动是大范围沙尘暴发生的动力条件。上升运动转为下沉运动是沙尘暴的最强时段。

第 6 章

沙尘暴数值预报检验评估

新疆气象部门基于中国气象局开发的沙尘暴数值预报系统，建立了新疆 CUACE/SDS(中国气象局沙尘暴数值预报模式)，实现了实时业务运行。本地化过程中对地表覆盖类型、土壤类型、雪盖等数据进行了更新，根据观测数据对土壤粒径、起沙风速等进行了优化。模式输出包括气象要素以及沙尘浓度、沙尘等级、PM_{10}、$PM_{2.5}$、能见度，起沙通量，干、湿沉降等沙尘气溶胶要素。

本章对沙尘暴数值预报系统优化前后的预报产品进行对比检验。

6.1 检验标准

6.1.1 检验对象

沙尘暴数值预报模式输出的以微克(μg)为单位的沙尘浓度，可折算为沙尘等级的沙尘暴预报。

6.1.2 检验方法

检验方法分为有无检验和分级检验。有无检验只对有沙尘暴天气和无沙尘暴天气进行检验，分级检验将沙尘暴天气分为两个等级：浮尘、扬沙为较弱级，沙尘暴及以上为较强级，对模式预报进行天气学检验和统计检验。

天气学检验对沙尘暴实况和预报的空间分布进行对比，分析模式对沙尘暴落区、强度的预报能力。

统计检验将沙尘暴数值预报模式输出的沙尘浓度插值到气象观测站点并折算为沙尘暴等级，根据站点观测实况对模式预报性能进行检验。

沙尘浓度与沙尘暴等级的定义见表 6.1，沙尘暴预报有无检验见表 6.2，沙尘暴预报等级检验见表 6.3。

表 6.1　沙尘暴等级与模式输出的 DM_{40} 浓度关系

DM_{40}浓度($\mu g/m^3$)	沙尘暴天气现象	沙尘暴等级
200～500	浮尘	1
500～2000	扬沙	2
2000～5000	沙尘暴	3
5000～20000	强沙尘暴	4
＞20000	特强沙尘暴	5

注：DM_{40} 指空气动力学直径≤ 40 μm 的粉尘气溶胶粒子。

表 6.2　沙尘暴预报有无检验

实况	预报	
	有	无
有	N_A	N_C
无	N_B	N_D

表 6.3　沙尘暴预报等级检验

实况	预报		
	沙尘暴以上	浮尘、扬沙	无
沙尘暴以上	N_A	N_C	N_C
浮尘、扬沙	N_B	N_A	N_C
无	N_C	N_B	N_D

注：N_A 为有沙尘天气预报正确站(次)数，N_B 为空报站(次)数，N_C 为漏报站(次)数，N_D 为无沙尘天气预报正确站(次)数。

统计检验包括 TS 评分、漏报率、空报率、预报偏差，具体定义如下。

TS 评分：$TS=N_A/(N_A+N_B+N_C)$

漏报率：$PO=N_C/(N_A+N_C)$

空报率：$NH=N_B/(N_A+N_B)$

预报偏差：$B=(N_A+N_B)/(N_A+N_C)$

6.2　资料与方法

选取 2014—2017 年 8 次大范围沙尘暴天气过程(表 6.4)进行对比检验。

表 6.4　大范围沙尘暴天气过程列表

序号	起止时间	过程简述
1	2014 年 4 月 22—24 日	北疆各地、天山山区、哈密北部出现雨转雪，伊犁河谷、阿勒泰、北疆沿天山、天山山区、哈密北部出现中到大雪，局部暴雪；北疆大部分地区、东疆和南疆等出现 7 级大风，部分地区极大风力 9 级以上，三十里风区阵风 12 级，百里风区阵风 14 级。东疆、南疆 24 个国家级气象站出现沙尘暴，3 个站出现特强沙尘暴；北疆大部分地区降温 8～12 ℃，部分地区降温 12～15 ℃，局部降温 15 ℃以上
2	2015 年 4 月 14—17 日	北疆大部分地区、天山山区和南疆西部山区、巴州、哈密等地的部分地区及和田局部出现小到中雨(山区雨转雪)，其中伊犁河谷、北疆沿天山一带、天山山区和博州、哈密北部、巴州等地的局部地区出现暴雨或雪，上述地区出现 4～5 级西北风，风口风力 8 级左右，三十里、百里风区风力10～11 级，南疆盆地大部分地区出现扬沙，和田、巴州、阿克苏局部出现沙尘暴，轮台为强沙尘暴
3	2015 年 4 月 26—29 日	伊犁河谷、博州和塔城北部、阿勒泰北部、天山山区的部分地区出现小到中雨，北疆大部分地区出现 5～6 级西北风，风口瞬间最大风力达 11 级。北疆大部分地区、南疆盆地大部分地区出现浮尘或扬沙天气，其中和田、阿克苏、巴州的部分地区和塔城南部、昌吉州东部局部地区出现沙尘暴或强沙尘暴
4	2015 年 5 月 17—21 日	北疆各地、天山山区、阿克苏、哈密和南疆西部、吐鄯托盆地、巴州等地的部分地区出现小到中雨，其中伊犁河谷、博州、北疆沿天山一带、天山山区、巴州北部等地的部分地区及塔城、哈密、阿克苏、克州等地的局部出现大到暴雨，天山山区局部为大暴雨，上述地区出现 4～5 级西北风，十三间房最大风力 9 级，南疆盆地部分地区出现扬沙或沙尘暴
5	2016 年 4 月 28 日—5 月 1 日	北疆各地和天山山区、哈密大部分地区出现小到中雨，其中伊犁河谷、塔城、北疆沿天山一带的大部分地区和天山山区部分地区出现大到暴雨。上述地区大部分区域伴有 5 级左右西北风，东疆风口风力 11 级；南疆盆地大部分地区出现沙尘天气，阿克苏、巴州的部分和和田的局部地区出现沙尘暴

续表

序号	起止时间	过程简述
6	2016年5月8—12日	北疆各地、天山山区、哈密以及巴州、南疆西部、阿克苏等地的部分地区出现小雨，其中伊犁河谷东南部、博州、塔城、北疆沿天山一带、天山山区、南疆西部山区等地中到大雨，额敏，小渠子、牧试站、阿合奇暴雨，吐尔尕特暴雪。上述地区大部分区域有4～5级西北风，南疆盆地4～5级偏东风，东疆风口风力9级；吐鄯托盆地、南疆盆地大部分区域出现沙尘天气，其中民丰、铁干里克、塔中、策勒、且末、若羌出现强沙尘暴。乌鲁木齐出现东南大风，最大风力8级
7	2017年4月3—5日	北疆各地，哈密北部和南疆西部山区出现雨转雨夹雪或雪，其中伊犁河谷、博州、塔城、阿勒泰东部、北疆沿天山一带、天山山区等地的部分地区为中到大雨或雨夹雪，局部达暴雪；上述部分地区出现4～5级西北风，风口风力达8～11级；塔里木盆地中东部有4～5级偏东风，阿克苏、和田、巴州南部出现扬沙或沙尘暴
8	2017年4月13—15日	北疆大部分地区、天山山区和阿克苏、巴州、哈密、南疆西部山区等地的部分地区出现小雨（山区为雪），伊犁河谷、塔城北部、北疆沿天山一带、天山山区、巴州和哈密的部分地区中到大雨，伊犁河谷、天山山区局部暴雨。上述大部分区域有5～6级西北风，风口风力8～9级，喀什达31.7 m/s，喀什、和田、巴州南部出现沙尘天气，喀什、莎车、洛浦为强沙尘暴。乌鲁木齐14日傍晚出现两次雷暴并伴有冰雹

6.3 检验结果分析

6.3.1 天气学检验

6.3.1.1 2014年4月23日沙尘暴过程

受冷空气翻山大风影响，南疆阿克苏、和田、巴州部分地区、东疆出现沙尘暴、喀什地区、巴州部分地区出现扬沙（图6.1）。

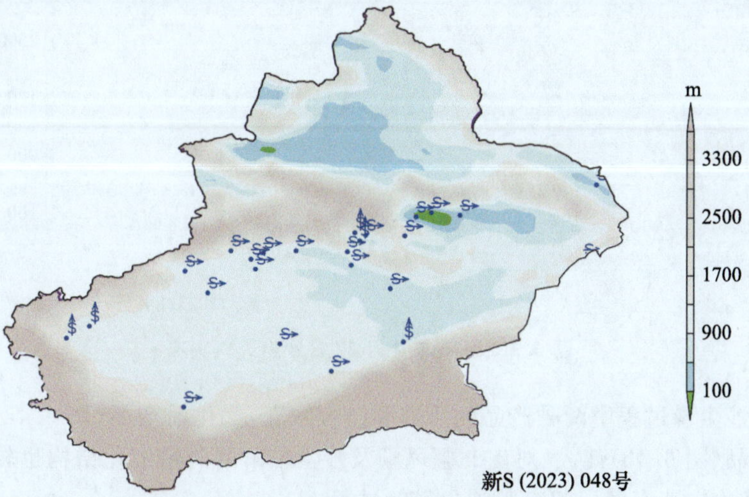

图6.1 2014年4月23日沙尘天气实况

对比两种产品的预报可以发现，两者对冷空气翻山进入南疆盆地均有较好的预报；沙尘浓度的预报，优化前产品在全疆大部分地区预报了不同程度的沙尘浓度（图6.2a），对于南疆、东疆的沙尘暴预报范围较实况小、强度弱，其中阿克苏地区的沙尘暴预报明显偏弱；优化后产品较好地预报了南疆、东疆沙尘暴的范围及强度(图 6.2b)。两种产品均空报了北疆的沙尘暴天气,其中优化前空报的范围和强度尤为明显。

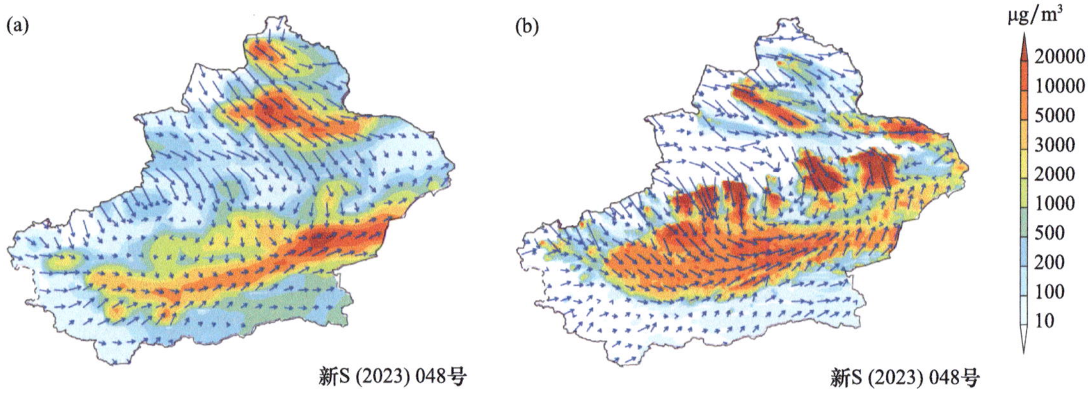

图 6.2 2014 年 4 月 23 日沙尘浓度预报

(a)优化前产品;(b)优化后产品

6.3.1.2 2015 年 4 月 27 日沙尘暴过程

本次天气过程伴随北疆大部分地区出现 5～6 级西北风,冷空气翻山及东灌进入南疆盆地,造成北疆大部分地区、南疆盆地大部分地区出现沙尘天气(图 6.3)。

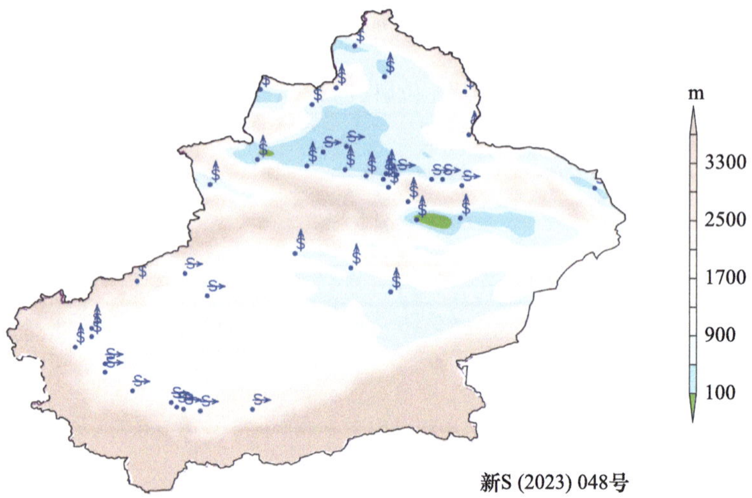

图 6.3 2015 年 4 月 27 日沙尘天气实况

对比本次沙尘暴过程中两种产品的风速和沙尘浓度,优化前产品(图 6.4a)风速及沙尘浓度较优化后产品(图 6.4b)偏大,对南北疆风场及沙尘暴落区的精细化结构也较优化后产品粗略,未能反映出冷空气东灌引起南疆沙尘暴的过程。

6.3.1.3 2015 年 5 月 18 日沙尘暴过程

本次沙尘天气过程由冷空气翻山进入南疆盆地引起,阿克苏、和田、巴州部分地区出现沙尘暴,南疆大部分地区出现扬沙天气(图 6.5)。

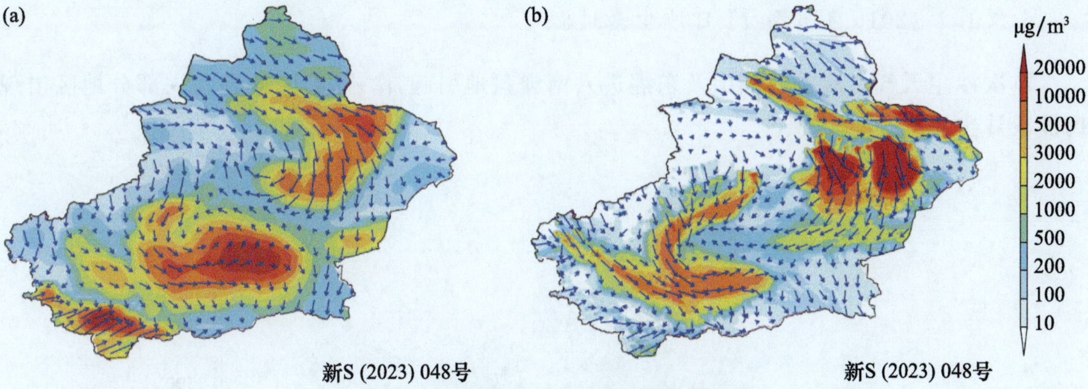

图 6.4　2015 年 4 月 27 日沙尘浓度预报

(a)优化前产品；(b)优化后产品

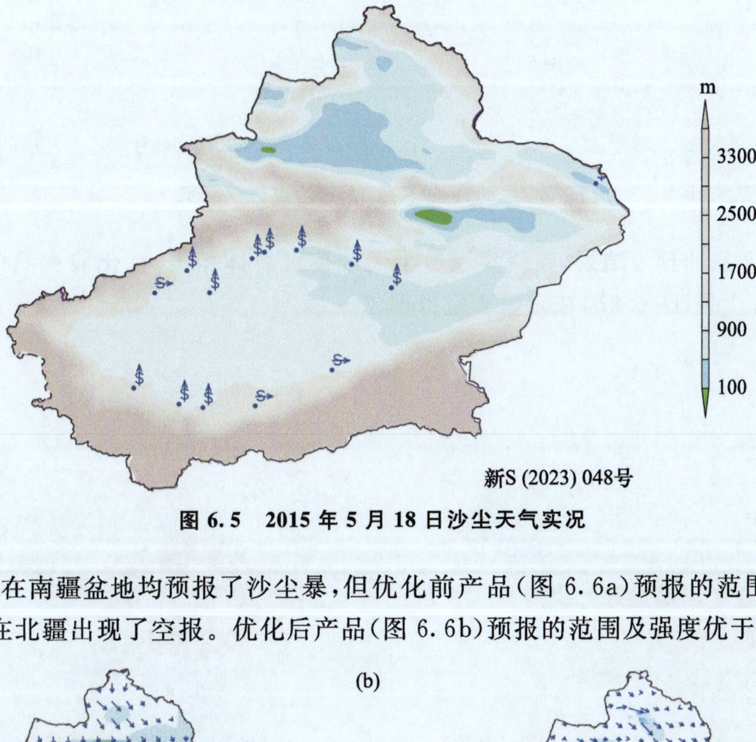

图 6.5　2015 年 5 月 18 日沙尘天气实况

两种产品在南疆盆地均预报了沙尘暴，但优化前产品（图 6.6a）预报的范围明显偏小，存在漏报现象，在北疆出现了空报。优化后产品（图 6.6b）预报的范围及强度优于优化前产品。

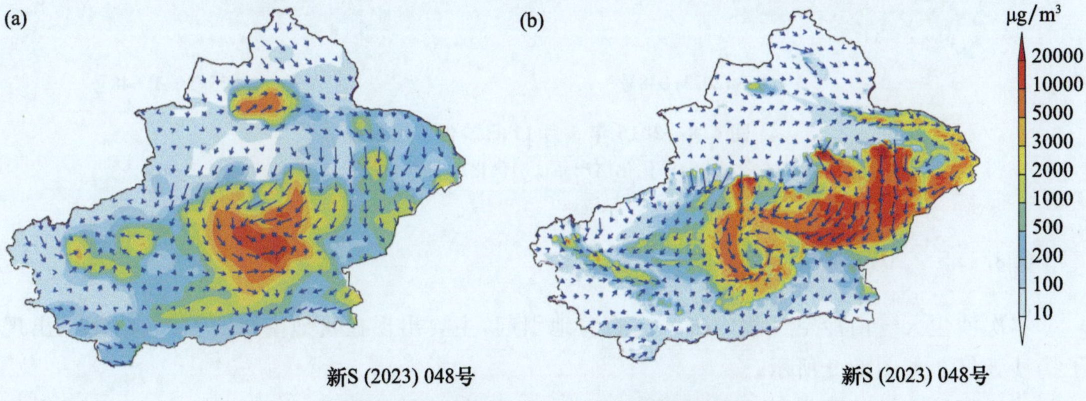

图 6.6　2015 年 5 月 18 日沙尘浓度预报

(a)优化前产品；(b)优化后产品

6.3.1.4 2016年5月11日沙尘暴过程

本次沙尘天气由冷空气翻山及东灌进入南疆盆地引起，南疆盆地、吐鲁番大部分地区出现扬沙或沙尘暴（图6.7）。

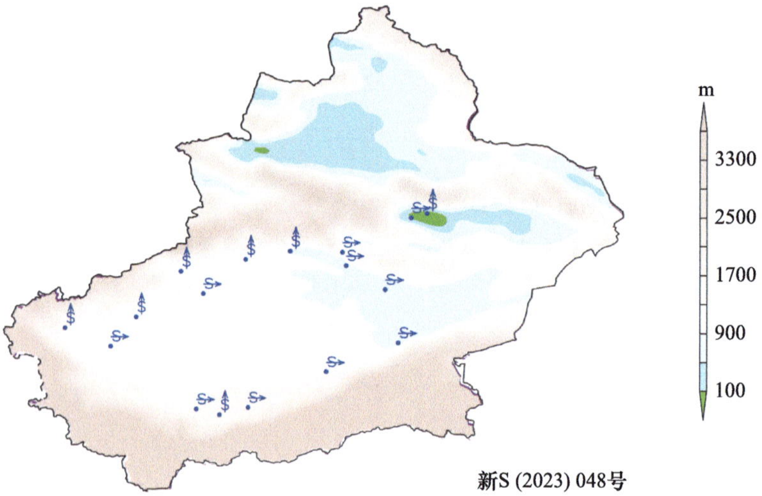

图6.7 2016年5月11日沙尘天气实况

对比两种产品的预报结果，南疆盆地沙尘天气落区总体相当，优化前产品（图6.8a）预报略偏弱，优化后产品（图6.8b）在东疆有空报现象。

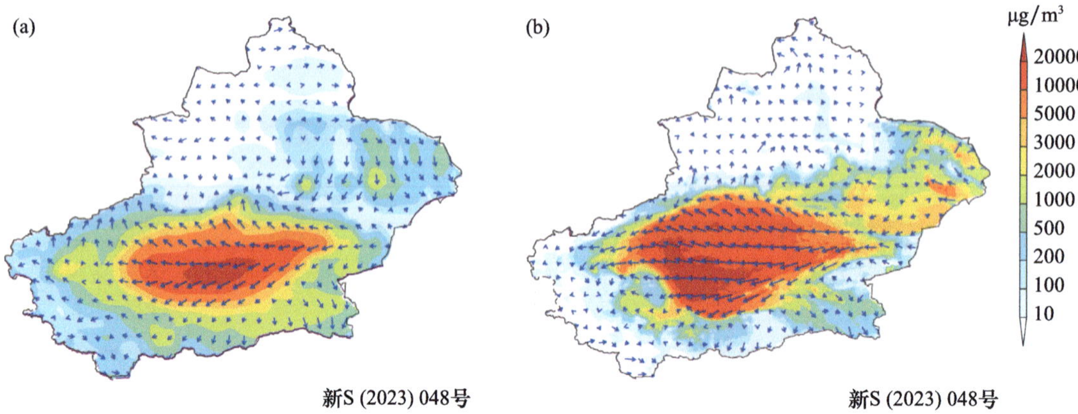

图6.8 2016年5月11日沙尘浓度预报

(a)优化前产品；(b)优化后产品

6.3.1.5 2017年4月14日沙尘暴过程

本次沙尘天气由冷空气翻山进入南疆盆地引起，主要出现在盆地南缘。另外，哈密也出现了扬沙天气。如图6.9所示。

对比两种产品的预报，优化前产品（图6.10a）的沙尘暴范围偏大，强度偏强，相比而言优化后产品（图6.10b）更接近实况。

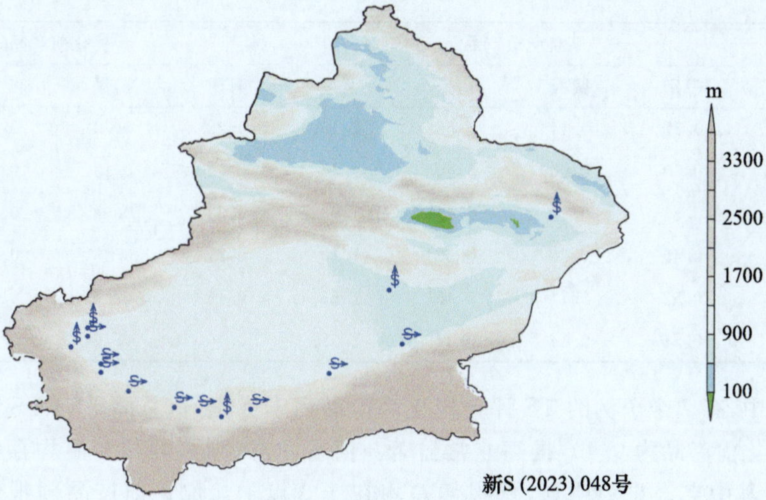

图 6.9　2017 年 4 月 14 日沙尘天气实况

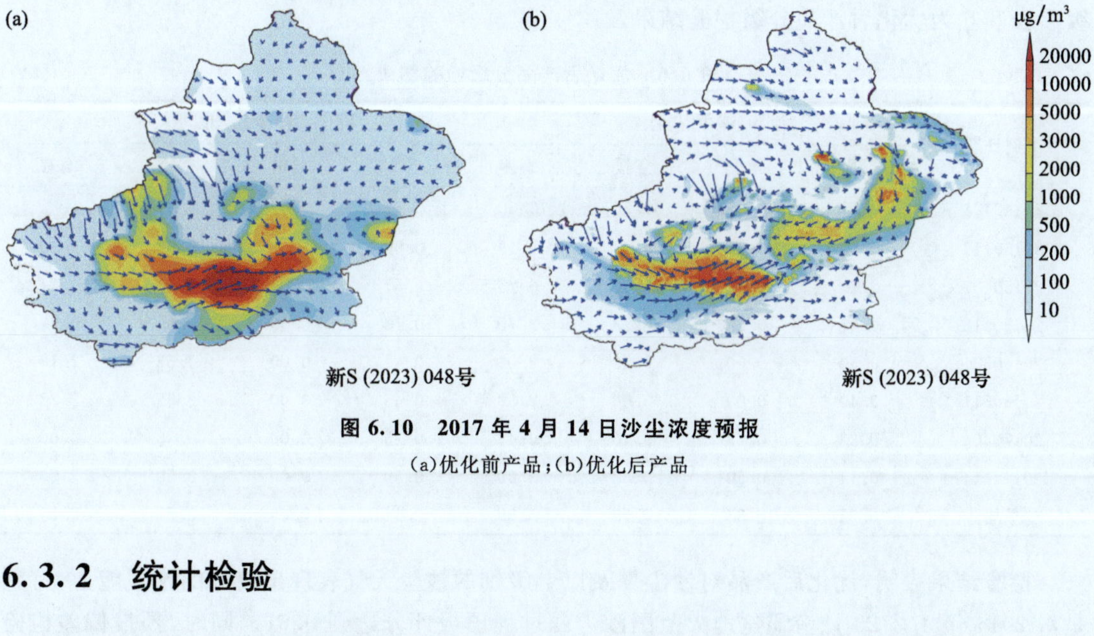

图 6.10　2017 年 4 月 14 日沙尘浓度预报

(a)优化前产品；(b)优化后产品

6.3.2　统计检验

对选定的沙尘天气个例按照 6.1.2 节所列的方法进行统计检验，将模式输出的沙尘浓度插值到全疆 105 个国家级气象观测站，按照表 6.1 的标准折算为沙尘等级进行检验。

首先进行沙尘天气有无预报检验，表 6.5 为选定个例有无检验的结果。

表 6.5　沙尘天气有无预报对比检验结果

个例日期	优化后产品				优化前产品			
	TS	漏报	空报	偏差	TS	漏报	空报	偏差
20140423	0.50	0.11	0.47	1.67	0.40	0.00	0.60	2.47
20150416	0.58	0.07	0.39	1.52	0.45	0.37	0.39	1.04
20150427	0.51	0.30	0.35	1.08	0.56	0.02	0.43	1.74

续表

个例日期	优化后产品				优化前产品			
	TS	漏报	空报	偏差	TS	漏报	空报	偏差
20150518	0.37	0.14	0.61	2.19	0.28	0.00	0.72	3.57
20160501	0.60	0.00	0.40	1.66	0.44	0.13	0.53	1.84
20160511	0.53	0.00	0.47	1.88	0.33	0.04	0.67	2.88
20170404	0.45	0.38	0.38	1.00	0.29	0.43	0.64	1.57
20170414	0.52	0.11	0.45	1.63	0.46	0.11	0.51	1.84
平均	0.51	0.14	0.44	1.58	0.40	0.14	0.56	2.12

8 个个例中，有 7 个个例的 TS 评分优化后产品高于优化前，总体平均 TS 评分优化后产品为 0.51，优化前产品为 0.40，提高非常显著。值得注意的是，两种产品均存在不同程度的空、漏报现象，其中空报更为明显，预报偏差均在 1.0 以上。优化前产品预报偏差平均值为 2.12，表明存在较为明显的空报问题，优化后产品空报现象略轻一些。

以下为两种产品分级检验结果，分为两个级别：浮尘、扬沙作为一级，沙尘暴及以上作为一级。表 6.6 为优化后产品分级检验结果。

表 6.6 优化后产品分级检验结果

个例日期	浮尘、扬沙				沙尘暴及以上			
	TS	漏报	空报	偏差	TS	漏报	空报	偏差
20140423	0.27	0.25	0.70	2.50	0.67	0.06	0.30	1.35
20150416	0.52	0.25	0.37	1.19	0.50	0.33	0.67	1.00
20150427	0.24	0.67	0.56	0.75	0.57	0.00	0.43	1.77
20150518	0.25	0.25	0.73	2.75	0.13	0.33	0.86	4.67
20160501	0.50	0.00	0.50	2.00	0.47	0.00	0.53	2.13
20160511	0.40	0.00	0.60	2.50	0.45	0.00	0.55	2.22
20170404	0.23	0.73	0.40	0.45	0.25	0.00	0.75	4.00
20170414	0.14	0.50	0.83	3.00	0.50	0.00	0.50	2.00
平均	0.32	0.33	0.59	1.89	0.44	0.09	0.57	2.39

检验结果表明，优化后产品对沙尘暴及以上级别的沙尘天气表现出较好的预报能力，特别是对 2014 年 4 月 23 日南疆盆地大范围沙尘暴过程预报评分达到 0.67。同时，预报偏差检验结果表明，空报现象更加突出。表 6.7 为优化前产品分级检验结果。

表 6.7 优化前产品分级检验结果

个例日期	浮尘、扬沙				沙尘暴及以上			
	TS	漏报	空报	偏差	TS	漏报	空报	偏差
20140423	0.21	0.00	0.79	4.70	0.48	0.00	0.52	2.07
20150416	0.33	0.18	0.64	2.27	0.25	0.60	0.40	1.00
20150427	0.31	0.06	0.68	2.94	0.50	0.00	0.35	1.53
20150518	0.10	0.00	0.90	9.75	0.14	0.00	0.86	7.33
20160501	0.34	0.11	0.64	2.50	0.43	0.40	0.40	1.00

续表

个例日期	浮尘、扬沙				沙尘暴及以上			
	TS	漏报	空报	偏差	TS	漏报	空报	偏差
20160511	0.17	0.11	0.83	5.11	0.40	0.00	0.60	2.50
20170404	0.12	0.75	0.82	1.42	0.30	0.00	0.70	3.33
20170414	0.16	0.40	0.82	3.40	0.56	0.00	0.44	1.80
平均	0.22	0.20	0.77	4.01	0.38	0.13	0.53	2.57

检验表明，优化前产品同样对沙尘暴及以上的天气表现出较好的预报能力，但略逊于优化后产品6个百分点，同样存在明显的空报现象。

6.4 本章小结

本节对比检验了优化前、后的沙尘暴数值预报产品，结果表明优化后产品预报性能明显优于优化前。其中，沙尘天气有无检验的TS评分由0.40提高到0.51；分级检验中浮尘、扬沙天气的TS评分由0.22提高到0.32，沙尘暴及以上TS评分由0.38提高到0.44。预报存在不同程度的空报现象，仍需进一步改进。

参考文献

阿米娜·阿不力克米，迪丽努尔·阿吉，2011. 新疆近 50 年沙尘暴灾害变化趋势分析[J]. 干旱区资源与环境，25(8)：118-121.

安瓦尔·买买提明，戴锐，2013. 新疆阿克苏地区城市自然灾害脆弱性评价研究[J]. 冰川冻土，35(5)：1301-1307.

陈德辉，沈学顺，2006. 新一代数值预报系统 GRAPES 研究进展[J]. 应用气象学报，17(6)：774-777.

陈洪武，王旭，马禹，2003. 大风对新疆沙尘暴的影响[J]. 北京大学学报(自然科学报)，39(2)：187-193.

陈楠，陈晓光，赵光平，2006. 宁夏不同强度沙尘暴环流差异特征的对比分析[J]. 高原气象，25(4)：680-686.

程海霞，丁治英，帅克杰，2005. 近 5 a 我国沙尘暴与高空急流关系的统计分析[J]. 中国沙漠，25(6)：891-896.

贾丽红，李海燕，李如琦，等，2012. 南疆"3·12"强沙尘暴天气数值模拟与诊断分析[J] 中国沙漠，32(4)：1135-1141.

何毅，杨太保，陈杰，等，2015. 1960—2013 年南北疆风速变化特征分析[J]. 干旱区地理，38(2)：249-259.

贺哲，2012. 2006 年 3 月末河南一次沙尘暴过程的天气成因分析[J]. 气象，38(8)：932-942.

胡江林，沈学顺，张红亮，等，2007. GRAPES 模式动力框架的长期积分特征[J]. 应用气象学报，18(3)：276-284.

黄海波，陈春艳，陶祖钰，2013. 2007 年 2 月 28 日新疆强风天气成因分析[J]. 北京大学学报(自然科学版)，49(5)：799-805.

黄兆华，1997. 我国历史时期的风沙尘暴[M]//方宗义，朱福康，江吉喜，等. 中国沙尘暴研究. 北京：气象出版社，31-36.

李娜，闵月，汤浩，等，2017. "4·23"南疆翻山型强沙尘暴动力结构特征分析[J]. 冰川冻土，39(4)：792-800.

李艺苑，王东海，王斌，2009. 中小尺度过山气流的动力问题研究[J]. 自然科学进展，19(3)：310-324.

李岩瑛，张强，2012. 水平螺旋度在沙尘暴预报中的应用[J]. 气象学报，70(1)：144-154.

刘宁薇，马雁军，刘晓梅，等，2011. 蒙古气旋引发辽宁沙尘暴天气过程的数值模拟[J]. 中国沙漠，31(1)：217-222.

龙柯吉，师春香，韩帅，等，2019. 中国区域主分辨率温度实况融会格点分析产品质量评估[J]. 高原山地气象研究，39(3)：67-74.

卢冰，史永强，王光辉，等，2014. 新疆克拉玛依强下坡风暴的机理研究[J]. 气象学报，72(6)：1218-1230.

吕新生，王旭，蔡仁，等，2016. 乌鲁木齐辖区山谷风环流特征的分析[J]. 干旱区地理，39(6)：1172-1180.

马韫娟，马淑红，张云惠，等，2012. 新疆高速公路强横风区间安全行车对策研究[J]. 干旱区地理，35(2)：209-220.

马禹，王旭，肖开提，等，2006. 天山北麓一例黑风暴天气的成因[J]. 北京大学学报(自然科学版)，42(3)：61-68.

闵月，李娜，汤浩，2017. 2015 年春季北疆沿天山一带一次强沙尘暴过程分析[J]. 沙漠与绿洲气象，11(5)：30-37.

潘新民，祝学范，黄智强，等，2012. 新疆百里风区地形与大风的关系[J]. 气象，38(2)：124-128.

钱莉，滕杰，胡津革，2015. "14. 4. 23"河西走廊特强沙尘暴演变过程特征分析[J]. 气象，41(6)：745-754.

钱正安，贺慧霞，瞿章，等，1997. 我国西北地区沙尘暴的分级标准和个例谱及其统计特征[M]//方宗义，朱福康，江吉喜，等. 中国沙尘暴研究. 北京：气象出版社，1-10.

钱正安，宋敏红，李万元，2002. 近 50 年来中国北方沙尘暴的分布及变化趋势分析[J]. 中国沙漠，22(2)：106-111.

桑建国，1989. 下坡运动的分析解[J]. 气象学报，47(2)：191-198.

孙鸣婧，李如琦，刘俊哲，等，2017. 乌鲁木齐春季两类东南大风个例的对比分析[J]. 沙漠与绿洲气象，11(5)：38-45.

谭本馗，伍荣生，1992. 临界层理论研究进展[J]. 气象学报，50(4)：492-503.

汤浩，李如琦，贾丽红，2011. 新疆"2・28"大风的中尺度数值模拟[J]. 气象，37(11)：1365-1371.

陶健红，王劲松，冯建英，2004. 螺旋度在一次强沙尘暴天气分析中的应用[J]. 中国沙漠，24(1)：83-87.

王敏仲，魏文寿，杨莲梅，等，2008. 塔里木盆地一次东灌型沙尘暴环流动力机构分析[J]. 中国沙漠，28(2)：370-376 .

王秋香，胡义成，周昊楠，2012. 近 50 a 塔里木河流域生长季大风日数变化特征及对特色林果业的影响[J]. 冰川冻土，34(5)：1067-1075.

王式功，董光荣，陈惠忠，等，2000. 沙尘暴研究的进展[J]. 中国沙漠，20(4)：349-356.

王旭，马禹，陈洪武，2003. 新疆沙尘暴天气的气候特征[J]. 中国沙漠，23(5)：539-544.

吴国雄，刘还珠，1999. 全型垂直涡度倾向方程和倾斜涡度发展[J]. 气象学报，57(1)：1-15.

肖庆农，伍荣生. 1995. 地形对于气流运动影响的数值研究[J]. 气象学报，53(1)：38-49.

徐国昌，陈敏连，吴国雄，1979. 甘肃省"4・22"特大沙尘暴分析[J]. 气象学报，37(4)：26-35.

徐启运，胡敬松，1996. 我国西北地区沙尘暴天气时空分布特征[J]. 应用气象学报，7(4)：479-482.

薛福民，刘新春，马燕，等，2009. 1997—2007 年塔克拉玛干沙漠腹地沙尘天气变化特征[J]. 沙漠与绿洲气象，3(1)：187-193.

杨大升，刘余滨，刘式适，1980. 动力气象学[M]. 北京：气象出版社，19-37.

杨国祥，何齐强，陆汉城，1991. 中尺度气象学[M]. 北京：气象出版社，218-220.

杨洪儒，王楠，2014. 地窝堡机场东南大风特征及其大气结构[J]. 干旱气象，32(3)：393-398.

杨莲梅，张广兴，杨青，2006. 南疆盆地翻山型沙尘暴环流动力结构分析[J]. 中国沙漠，26(1)：71-76.

杨先荣，王劲松，张锦泉，等，2011. 高空急流带对甘肃沙尘暴强度的影响[J]. 中国沙漠，34(4)：1046-1051.

叶笃正，1956. 小地形对气流的影响[J]. 气象学报，27(3)：241-262.

岳平，牛生杰，张强，等，2007. 螺旋度在一次夏季强沙尘暴中的分析应用[J]. 中国沙漠，27(2)：337-341.

岳显昌，易帆，2005. 重力波波包在临界层附近的传播[J]. 中国科学(E 辑)，35(11)：1215-1232.

臧增亮，张铭，2004. 三层模式背风波的理论研究[J]. 气象学报，62(4)：395-400.

张超，李娜，贾键，2015. ECMWF 细网格模式 2 m 温度产品在乌鲁木齐市温度预报中的检验[J]. 沙漠与绿洲气象，9(5)：62-68.

张红杰，马清云，吴焕萍，等，2009. 气象降水分布图制作中的插值算法研究[J]. 气象，35(11)：131-136.

张利平，陈阳权，朱国栋，等，2012. 乌鲁木齐机场冬季东南大风引起的低空风切变个例分析[J]. 沙漠与绿洲气象，6(6)：23-25.

张家宝，苏起元，孙沈清，等，1986. 新疆短期天气预报指导手册[M]. 乌鲁木齐：新疆人民出版社，330-336.

张强，2001. 地形和逆温层对兰州市污染物输送的影响[J]. 中国环境科学，21(3)：230-234.

张平，杨德保，尚可政，等，2003. 2002 年春季中国沙尘天气与物理量场的相关分析[J]. 中国沙漠，23(6)：675-680.

赵翠光，刘还珠，2004. 我国北方沙尘暴发生的环流形势分析[J]. 应用气象学报，15(2)：245-250.

赵建华，2004. 河西走廊连通器效应探讨[J]. 干旱气象，22(1)：90-94.

赵霞，张中伟，2011. 1960—2008 年新疆沙雅沙尘天气变化特征及原因分析[J]. 沙漠与绿洲气象，5(4)：20-25.

中国气象局，1979. 地面观测规范[M]. 北京：气象出版社，21-27.

朱福康，江吉喜，郑新江，等，1999. 沙尘暴天气研究现状和未来[J]. 气象科技(4)：1-8.

BELUSIC D M，HRASTINSKI M，VECENAJZ，et al，2013. Wind regimes associated with a mountain gap at the northeastern Adriatic coast[J]. J. Appl. Meteor. Climat.，52：2089-2105.

BRINKMANN W A R，1974. Strong downslope winds at Boulder Colorado[J]. Mon. Wea. Rev.，102(3)：592-602.

GRESSMAN G P，1959. An operational objective analysis system[J]. Mon. Wea. Rev.，87：367-374.

DOYLE J D，DURRAN D R，2002. The Dynamics of mountain wave in duced rotors[J]. J. Atmos. Sci.，59：186-201.

DOYLE J D，SMITH R B，2003. Mountain wave over the Hohe Tauern：influence of upstream diabatic effects[J]. Quart. J. Roy. Meteor. Soc.，129：799-823.

HOUGTHON D D, Kasahara A, 1968. Non liner shallow fluid flow over an isolated ridge[J]. Commun. Pure appl. Math., 21: 1-23.

JIANG Q, DOYLE J D, 2004. Gravity wave breaking over the central Alps: Role of complex terrain[J] J. Atmos. Sci., 61: 2249-2266.

KLEMP J B, LILLY D K, 1975. The dynamics of wave induced downslope winds [J]. J. Atmos. Sci., 32: 320-339.

KUTTNER, 1958. The rotor flow in the lee of mountain Schweia [J]. Aero. Rev., 33: 208-215.

LEHNER M, WHITEMAN C D, Hoch S W, et al, 2016. The METCRAX Ⅱ field experiment: A study of downslope windstorm-type flows in Arizona's Meteor Crater [J]. Bull. Amer. Meteor. Soc., 97: 217-235.

LI X, XIA X, XIN Y, et al, 2012. An Investigation of boundary layer structure under the influence of the gap wind in Urumqi, China, during air pollution episode in Winter[J]. Air & Waste Management Association, 62(1): 26-37.

LI X, XIA X, WANG L, et al, 2015. The role of foehn in the formation of heavy air pollution events in Urumqi, China[J]. J. Geophys. Res. Atmos., 120: 5371-5384.

LIN Y L, 2007. Mesoscale Dynamics[M]. Cambridge University Press: 630.

SCORER R S, KLIEFORTH H, 1959. Theory of mountain waves of large amplitude [J]. Quart. J. Roy. Meteor. Soc., 85: 131-143.

SHARP J, MASS C F, 2004. Columbia gorge gap winds their climatological influence and synoptic evolution[J]. Wea. Forecasting, 19: 970-992.

ZHANG G X, ZHANG D L, Sun S F, 2018. On the Orographically Generated Low-Level Easterly Jet and Severe Downslope Storms of March 2006 over the Tacheng Basin of Northwest China[J]. Mon. Wea. Rev., 146(6): 1667-1683.